Studien zum nachhaltigen Bauen und Wirtschaften

Unser gesellschaftliches Umfeld fordert eine immer stärkere Auseinandersetzung der Bau- und Immobilienbranche hinsichtlich der Nachhaltigkeit ihrer Wertschöpfung. Das Thema „Gebäudebezogene Kosten im Lebenszyklus" ist zudem entscheidend, um den Umgang mit wirtschaftlichen Ressourcen über den gesamten Lebenszyklus eines Gebäudes zu erkennen. Diese Schriftenreihe möchte wesentliche Erkenntnisse der angewandten Wissenschaften zu diesem komplexen Umfeld zusammenführen.

Johannes Haffner · Lucas Falter ·
Thomas Glatte

Einfluss der immobilien-wirtschaftlichen Qualität auf den Arbeitserfolg im Homeoffice

Johannes Haffner
Frankfurt am Main, Deutschland

Lucas Falter
Sandhausen, Deutschland

Thomas Glatte
Wirtschaft & Medien
Hochschule Fresenius
Heidelberg, Deutschland

ISSN 2731-3123   ISSN 2731-3131 (electronic)
Studien zum nachhaltigen Bauen und Wirtschaften
ISBN 978-3-658-42332-2   ISBN 978-3-658-42333-9 (eBook)
https://doi.org/10.1007/978-3-658-42333-9

Die Deutsche Nationalbibliothek verzeichnet diese Publikation in der Deutschen Nationalbibliografie; detaillierte bibliografische Daten sind im Internet über http://dnb.d-nb.de abrufbar.

Planung/Lektorat: Karina Danulat
Springer Vieweg ist ein Imprint der eingetragenen Gesellschaft Springer Fachmedien Wiesbaden GmbH und ist ein Teil von Springer Nature.
Die Anschrift der Gesellschaft ist: Abraham-Lincoln-Str. 46, 65189 Wiesbaden, Germany

Vorwort

Die Arbeitswelt befindet sich bereits seit Beginn der 2000-er Jahre in einem kontinuierlichen Wandel. Die nachrückenden Generationen am Arbeitsmarkt stellen grundsätzlich andere Anforderungen an den Arbeitsplatz sowie an die Arbeitskultur. Personalverantwortliche und Corporate Real Estate Manager waren diesen Anforderungen genauso ausgesetzt wie auch den zum Teil noch sehr antiquierten Sichtweisen älterer Mitarbeitenden und Führungskräfte.

COVID19 brachte als länger wirkende Pandemie noch einmal intensiv Bewegung in die Transformation der Arbeitswelt. Was als vermeintlich befristeter Rückzug der Arbeitenden in das familiäre Umfeld begann, stellte sich als die große Disruption der Büroarbeitswelt heraus. Die zumindest teilweise Erbringung der eigenen Arbeitsleistung von zuhause, umgangssprachlich auch „Homeoffice" genannt, hat mittlerweile einen festen und anerkannten Platz in der Arbeitswelt gefunden. Geblieben ist die Auseinandersetzung mit den Vor- und Nachteilen des Arbeitens im Homeoffice im Vergleich zum traditionellen Büro. Während sich eine Vielzahl von Studien mit den Rahmenbedingungen einer klassischen Büroumgebung und deren Auswirkungen auf die Belegschaft und den einzelnen Mitarbeitenden beschäftigen, ist der Einfluss der physischen Umgebung des Homeoffice als Arbeitsort in der Forschung zumeist vernachlässigt worden.

Bei der Umsetzung des arbeitskonformen Arbeitsplatzes stellt sich die Frage, wie Organisationen unter Einbezug der individuellen immobilienwirtschaftlichen Restriktionen, bei der bedarfsgerechten Arbeitsplatzgestaltung unterstützen können. Basierend auf bisherigen Erkenntnissen der Bürogestaltung, wird in der vorliegenden Publikation die subjektive Wahrnehmung des eigenen Arbeitsbereiches im Homeoffice, auf Korrelationen mit der Arbeitszufriedenheit und der Arbeitsproduktivität untersucht. Im Rahmen eines Querschnittsdesigns mit $N = 94$ Beschäftigten aus Deutschland, die regelmäßig im Homeoffice arbeiten, konnte Evidenz über die Korrelation der Zufriedenheit mit dem Arbeitsumfeld und der Produktivität gewonnen werden. Darüber hinaus konnten die wahrgenommene Geräuschkulisse und die Arbeitgeberunterstützung bei der Umsetzung des heimischen Arbeitsbereichs als wichtige Faktoren für den Erfolg der digitalen Arbeitsmethode identifiziert werden.

Heidelberg   Johannes Haffner
April 2023   Lucas Falter
                                                               Thomas Glatte

Inhaltsverzeichnis

Abbildungsverzeichnis

Tabellenverzeichnis

Einleitung

1

Angesichts der COVID-19 Pandemie haben Unternehmen weltweit ihre Reaktionsmöglichkeiten bezüglich des Angebots an digitalen Arbeitsplätzen unter Beweis gestellt. Die digitale Infrastruktur wurde zur Vermeidung von Präsenzkontakten genutzt und forciert damit die Transformation zur ortsunabhängigen Arbeit (Corona Datenplattform 2021). Die Pandemie als externer Impuls kann als Katalysator für digitale Arbeitsmöglichkeiten beschrieben werden, denn die Akzeptanz des Homeoffice hat seitdem stark zugenommen und avanciert darüber hinaus weltweit zu einem Schlüsselaspekt der zukünftigen Arbeitgeberattraktivität (Tuescher und Yyasargil 2020).

In Deutschland haben viele Menschen erstmals die Möglichkeit, zu Hause zu arbeiten und erleben die Vor- und Nachteile des Homeoffice. Gleichzeitig erhält das Thema Einzug in die politische Debatte, in der die Rede sogar von einem allgemeinen Recht auf Homeoffice ist (Wirtschaftswoche 2022). Ein nachhaltiger Strukturwandel der Arbeitswelt zeichnet sich durch die Omnipräsenz des Themas ab und spiegelt sich ebenfalls im wissenschaftlichen Forschungsinteresse wider. Zahlreiche Studien verschiedener Fachdisziplinen befassen sich mit der Erforschung der Umsetzung, aber auch mit den Folgen und Auswirkungen der digitalen Arbeitswelt auf den Menschen. Dabei zeigen Ergebnisse, dass sich die Work-Life Balance der Beschäftigten erhöhen kann, ohne der unternehmerischen Produktivität zu schaden. Dies lässt sich maßgeblich auf die gewonnene Zeit durch den gesparten Arbeitsweg sowie die zusätzliche Flexibilität zurückführen, die sich positiv auf das familiäre Umfeld auswirken kann (Holdampf-Wendel 2022).

© Der/die Autor(en), exklusiv lizenziert an Springer Fachmedien Wiesbaden
GmbH, ein Teil von Springer Nature 2023
J. Haffner et al., *Einfluss der immobilienwirtschaftlichen Qualität auf den
Arbeitserfolg im Homeoffice*, Studien zum nachhaltigen Bauen und Wirtschaften,
https://doi.org/10.1007/978-3-658-42333-9_1

Im Gegensatz dazu zeigt sich in vielen Branchen eine Ungewissheit, in welchem Maße die Integration des Homeoffice in die bestehenden Unternehmensstrukturen sinnvoll und umsetzbar ist. Dabei zeigen sich Limitationen in der gesetzlichen Umsetzung von Richtlinien des arbeitskonformen Arbeitsplatzes, denn diese sind nicht abschließend geregelt. Darüber hinaus scheitert die Integration eines solchen in vielen Fällen bereits an der Wohnsituation und den räumlichen Gegebenheiten der Beschäftigten (Feld et al. 2021).

In der betrieblichen Arbeitswelt wird die nutzerorientierte Ausrichtung der Büroflächen gewinnbringend eingesetzt, um die Beschäftigten bestmöglich bei der jeweiligen Arbeitsaufgabe zu unterstützen. Dabei kann das Arbeitsumfeld positive Auswirkungen auf die Produktivität haben, indem aufgabenbasierte Arbeitsbereiche geschaffen werden (Appel-Meulenbroek 2016).

Das Potential, welches sich für die Arbeitsleistung durch eine positive Arbeitsplatzgestaltung ergibt, sollte im besten Falle auf die Integrierung eines Arbeitsbereichs in das eigene Zuhause übertragen werden. Obwohl sich maßgebliche Restriktionen durch die gebaute Realität ergeben, besteht ein großes Potential den Arbeitsbereich zu individualisieren und mit den bestehenden Strukturen des Betriebs zu harmonisieren. Aus dem Spannungsverhältnis der Budgetrestriktion und dem Wohnen ist das Ziel dieser Arbeit, Ansatzpunkte zu identifizieren, wie die Umsetzung eines heimischen Arbeitsbereiches gelingen kann und welche immobilienwirtschaftlichen Eigenschaften Auswirkungen auf die Zufriedenheit und die Produktivität zeigen.

1.1   Problemstellung und Zielsetzung

Ein Modell zur gezielten Betrachtung der physischen Arbeitsumgebung im Homeoffice liegt zum heutigen Zeitpunkt nicht vor. Die Forschungsgruppe um Prof. Dr. Pfnür (2021) kritisiert die mangelnde Beachtung der immobilienwirtschaftlichen Qualität der Wohnung in der Forschung und Praxis. Dabei stellen sie mit ihrer umfangreichen Studie einen signifikanten Zusammenhang zwischen der Wohnung und dem subjektiven Arbeitserfolg heraus. Demzufolge konnte ein Anstieg in der Zufriedenheit und Produktivität im Homeoffice mit steigender Zufriedenheit mit der Wohnsituation, der Lage und Ausstattung der Wohnung verzeichnet werden.

Aus einer ressourcenorientierten Betrachtungsweise sollten Möglichkeiten der Optimierung des Arbeitsbereichs unter den beschränkenden Rahmenbedingungen des Wohnumfeldes gefunden werden, um diese positiv zu beeinflussen. Dabei ist es von besonderem Interesse die aktivitätsbezogenen Aspekte und den Zusammenhang dieser mit den immobilien- und ausstattungsspezifischen Faktoren des Arbeitsbereichs im Homeoffice zu erforschen.

Durch die weitgehend fehlende Behandlung der Thematik in der wissenschaftlichen Forschung mangelt es an passgenauen Konstrukten zur Operationalisierung sowie Messinstrumenten diese zu erforschen. Aus diesem Grund muss ein theoretisches Modell zur Betrachtung identifiziert werden, welches zur Erklärung des Wohlbefindens im Kontext der Arbeitssituation die physische Arbeitsumgebung einbezieht. Ein solches Modell wurde von Bakker und Demerouti (2001) mit dem *Job demands-ressources model* entwickelt. Dieses bietet ein theoretisches Rahmenkonstrukt, welches die Wechselwirkung zwischen der Arbeitsaufgabe, der Arbeitssituation und der räumlichen Dimension in den Erklärungsansatz einbezieht. Auf Grundlage dieses theoretischen Konstrukts ist es Ziel der vorliegenden Studie, quantitative Daten zu erheben und Merkmale der Erfahrungswirklichkeit auf Relationen mit manifesten physischen Bedingungen zu untersuchen (Döring et al. 2015). Um dies umzusetzen, wurde zum Zweck der Studie ein Fragebogen, anhand praktisch bewährter Nutzereinbindungsmethoden aus dem Bereich des Facilitymanagements zur zielführenden Nutzerbedarfserfassung, konzipiert.

1.2 Beitrag für Wissenschaft und Praxis

Das Arbeiten im Homeoffice geht mit der Verschiebung des allgemeinen Anforderungsprofils an die Arbeitnehmer und damit der Veränderung der erfahrenen Ressourcen- und Belastungsstruktur einher. In der stressbezogenen Arbeitsplatzforschung sind die psychischen Ressourcen zur Milderung von Belastungswirkungen wegen ihrer hohen praktischen Relevanz von exponierter Bedeutung (Zapf und Dormann 2004). Häufig sind die Belastungen durch Arbeitsanforderungen schwer veränderbar, wohingegen positive Effekte durch ressourcenstärkende Intervention auf das Stressempfinden belegt sind (Bamberg und Busch 2006). Die Stärkung psychischer Ressourcen ist damit ein wichtiger Bestandteil der heutigen Arbeitswelt, wobei zu klären bleibt, welchen Stellenwert das physische Arbeitsumfeld dabei einnehmen kann.

Des Weiteren ist das Homeoffice durch die zeitliche und örtliche Flexibilisierung charakterisiert und ist damit integraler Bestandteil der Weiterentwicklung von zukunftsgerichteten Arbeitsmodellen, die unter dem Begriff Arbeit 4.0 zusammengefasst werden (Bundesministerium für Bildung und Forschung 2016). Dennoch gibt es erstaunlich viele offene Fragestellungen im wirtschaftlichen, juristischen und psychologischen Kontext, weswegen die Erforschung des Themas dringend erforderlich ist, um die Ungewissheit über das Ausmaß der Veränderung zu beseitigen (Feld et al. 2021; Ulich und Wiese 2011).

Ein nachhaltiger soziokultureller Strukturwandel wird durch Innovationen getrieben und ist schwer vorherzusagen. Dennoch hat er einen einschneidenden Einfluss auf viele Bereiche der sozialen Struktur (Peyinghaus und Zeitner 2019). Zudem ist die Auswirkung der strukturellen Veränderung auf das Nachfrageverhalten von Wohnraum ungewiss. Die Flexibilisierung des Arbeitsortes bietet damit eine Chance für ländliche Regionen, dem Megatrend der Urbanisierung entgegenzuwirken, denn die vorhandene Wohnfläche bietet attraktive Vorzüge für Arbeitnehmer, die langfristig im Homeoffice arbeiten möchten (Hanack und Manus 2021).

Gleichzeitig beschäftigt sich das Corporate Real Estate Management mit der Frage des zukünftigen Flächenbedarfs, denn das Büro der Zukunft könnte von der Flexibilisierung des Arbeitsortes profitieren. Die soziale Funktion des Büros als Interaktionsfläche gewinnt an Bedeutung, denn –dort ist sich die Wissenschaft größtenteils einig– das Büro wird weiterhin zum sozialen Austausch benötigt (Feld et al. 2021; Lefebvre 2021). Obwohl das Homeoffice in vielen Unternehmen immer noch in der Probezeit ist, ist das Potential für eine Bereicherung der Produktivität groß und folglich die Erforschung des Themas wichtig.

1.3 Begriffsbestimmung Homeoffice

Das Arbeiten im eigenen Zuhause, welches im gesellschaftlichen Konsens oftmals als Homeoffice bezeichnet wird, wurde 2016 in einer Novellierung der Arbeitsstättenverordnung erstmals legaldefiniert. In diesem Kontext wird der deutsche Begriff Teleheimarbeit genutzt und von der alternierenden Teleheimarbeit abgegrenzt. Dabei ist die Voraussetzung der Teleheimarbeit ein fest eingerichteter Bildschirmarbeitsplatz außerhalb der Betriebsstätte, welcher zudem explizit vertraglich geregelt werden muss (Wissenschaftliche Dienste des Bundestags 2017).

Der größere Anteil fällt jedoch auf die alternierende Teleheimarbeit, also dem „mehr oder weniger systematischem Wechsel zwischen Teleheimarbeit und Arbeit an einem betrieblichen Arbeitsplatz" (Ulich und Wiese 2011, S. 147). In der vorliegenden Arbeit wird die Ausprägung der zuvor genannten Organisationsform im Rahmen der Forschungsmethodik erfasst und unterschieden, jedoch spielt die Unterscheidung für den Untersuchungsgegenstand der immobilienwirtschaftlichen Faktoren eine untergeordnete Rolle. Aus diesem Grund wird allgemein von Homeoffice gesprochen, wobei darunter sowohl die vollzeitige Teleheimarbeit als auch die alternierende Teleheimarbeit zusammengefasst werden.

Theoretischer Hintergrund 2

Um trotz der zuvor genannten Herausforderungen des Forschungsgegenstandes eine strukturierte Vorgehensweise zu gewährleisten, wird mithilfe der relevanten theoretischen Konzepte der Psychologie und den Limitationen des Immobilienmarktes eine Spezifizierung vorgenommen. Dabei muss auf globaler Ebene ein gemeinsames Verständnis im Kontext der interdisziplinären Forschung geschaffen werden.

Das psychologische Rahmenkonstrukt wird im Abschn. 2.1 festgelegt, wobei sich die Struktur der Bearbeitung sukzessive der Anwendung des Modells an die Arbeitssituation im Homeoffice nähert. Hierbei werden psychologische Aspekte der digitalen Arbeit im Rahmen der Stressforschung genannt, wobei die räumlichen Aspekte im Fokus der Studie stehen. Diese werden im zweiten Abschnitt der Literaturanalyse adressiert, indem das Verhältnis der beiden wichtigen Lebensbereiche Wohnen und Arbeiten analysiert wird. Zudem wird, nachdem die Grundlage des Wohnens dargestellt wurde, die Erkenntnisse der betrieblichen Arbeitsplatzgestaltung sowie eine Methode der Nutzereinbindung vorgestellt.

2.1 Psychologisches Rahmenkonstrukt

Im Vergleich zu der standardökonomischen Betrachtung des Menschen als rationalen Entscheidungsträger, dem homo oeconomicus, ist die psychologische Betrachtungsweise durch die beschränkte Rationalität geprägt. Dies ist auf diverse Entscheidungsanomalien wie dem Framing, dem Anker- oder dem Besitztumseffekt zurückzuführen (Osterloh 2008). Das Erleben und Verhalten eines

J. Haffner et al., *Einfluss der immobilienwirtschaftlichen Qualität auf den Arbeitserfolg im Homeoffice*, Studien zum nachhaltigen Bauen und Wirtschaften, https://doi.org/10.1007/978-3-658-42333-9_2

Individuums unterliegt gleichermaßen im Arbeitskontext den genannten Entscheidungsanomalien, weswegen die subjektiven Werte und persönlichen Erfahrungen
in die arbeitsbezogenen Forschungen einbezogen werden sollten. Die wechselsei-
tige Beeinflussung verschiedener Lebensbereiche, wie der Arbeitstätigkeit und
dem Freizeitverhalten, ist dabei ein elementarer Bestandteil der Arbeits- und
Organisationspsychologie (Ulich und Wiese 2011).

Um die komplexen Mechanismen der Work-Life-Beziehung zu untersuchen,
werden in einem ersten Schritt die Funktionen der Erwerbsarbeit als Grundlage
eines gemeinsamen Verständnisses des fachübergreifenden Gegenstandes erarbei-
tet. Im nächsten Schritt werden das Erleben und Verhalten des Menschen im
arbeitsbezogenen Kontext mithilfe verschiedener Modelle der Stressforschung
betrachtet.

In diesem Zusammenhang wird Arbeit als die „zielgerichtete menschliche
Tätigkeit zum Zweck der Transformation und Aneignung der Umwelt [...]
zur Realisierung/Weiterentwicklung individueller oder kollektiver Bedürfnisse,
Ansprüche und Kompetenzen" (Semmer und Udris 2008, S. 513) bezeichnet. Dabei erfüllt das Erwerbseinkommen im Rahmen des gesellschaftlichen
Systems die Grundlage der Lebensfinanzierung (Siegrist 2013). Dem monetä-
ren Aspekt der Berufsrolle kommt im bipolaren Abhängigkeitsverhältnis von
Mensch und Unternehmen eine wichtige Rolle zu. Dennoch ist dies nur ein
Teil der Betrachtung, denn die psychosoziale Funktion der Arbeit ist nach Sie-
grist (2016) mindestens ebenbürtig. Zu den psychosozialen Funktionen der Arbeit
zählt der Erwerb von Kompetenzen, die Strukturierung des Alltags, der soziale
Austausch, die soziale Anerkennung sowie der Beitrag zur Identität und dem
Selbstwertgefühl (Semmer und Udris 2008; Siegrist 2013).

Unter diesen Annahmen ist es Ziel der Arbeits- und Organisationspsychologie, den Stellenwert der Arbeit im Leben und die Auswirkungen im Rahmen
eines biopsychosozialen Wirkungsgefüges in die Betrachtung mit einzubeziehen.
In besonderem Maße wird das subjektive Wohlbefinden und die gesundheit-
lichen Konsequenzen als Resultat des Zusammenwirkens von Stressoren und
Belastungen erforscht (Nerdinger et al. 2014).

2.1.1   Die arbeitsbezogene Stressforschung

Die arbeitsbezogene Stressforschung identifiziert diverse Chancen und Herausforderungen für das Wohlbefinden von Beschäftigten. Bevor zwei der bedeutendsten Modelle vorgestellt werden, wird ein allgemeiner Überblick über die

Stressforschung vorangestellt. Diese unterscheidet grundsätzlich zwischen den reaktionsbasierten und interaktionistischen Modellen.

Stressoren haben gemäß Definition eine negative Wirkung, wohingegen Belastungen neutraler Natur sind. Diese können sowohl mit positiven als auch mit negativen Wirkungen assoziiert werden (Holz et al. 2004). Die Anforderungen und Belastungen sind teilweise strukturell in Tätigkeitsprofilen verankert und damit schwer veränderbar. Im Kontext der Arbeitsanforderungen der modernen Arbeitswelt kommt den gegenüberstehenden Ressourcen eine Funktion zu, die sich durch eine besondere praktische Relevanz auszeichnet. Arbeitsressourcen sind als die „Merkmale der Arbeitssituation oder Person, die sich positiv auf den Menschen auswirken" (Holz et al. 2004, S. 279) definiert. Die Ressourcenoptimierung kann demzufolge Potentiale ausschöpfen, welche dazu führen die Auswirkungen von Stressoren zu mildern und folglich mit der Arbeitssituation besser umzugehen.

Hans Selye (1950) gilt als der Begründer reaktionsbezogener Theorien, welche Stress als das vorrangige Ergebnis einer unspezifischen körperlichen Reaktion infolge von multidimensionalen Anforderungen betrachten. Die Antwort des Körpers auf längerfristige psychische oder physische Stressoren sind endokrinologische Botenstoffe wie z. B. Cortisol. Diese sorgen für einen Erregungszustand, der im geringen Stadium zu einer erhöhten Resilienz, im Übermaß jedoch zur Erschöpfung und im Extremfall bis zum Tod führen kann. Außerdem hat er erstmals Distress von Eustress unterschieden und hat damit auf endokrinologischer Ebene belegen können, dass Stress zu einer positiven Erregung führen kann (Szabo et al. 2017).

Der transaktionale Ansatz sieht hingegen die biopsychosoziale Wechselwirkung des Individuums mit der Umwelt als den wichtigsten Untersuchungsgegenstand an. Dies scheint in Anbetracht der digitalisierten Welt und den zunehmenden Interaktionsmöglichkeiten durch die Informationstechnologien als alternativloser Ansatz für die Betrachtung komplexer Arbeitssituationen, die von zahlreichen Anforderungen der Umwelt geprägt sind.

Der transaktionale Stressbegriff geht auf das Stressmodell von Lazarus und Folkman (1987) zurück. Die Wissenschaftler sehen den Stresszustand als Resultat eines Übergewichts von stressbezogenen Reizen gegenüber Ressourcen, diese zu kompensieren. Möglichkeiten einer Kompensation von potenziell schädlichen Reizen bieten persönliche Erfahrungen und Werte sowie Ressourcen aus der Umwelt. Die zugrunde liegende Reaktion ist dabei als Coping bzw. Coping-Mechanismus bekannt und zeichnet sich durch eine erhöhte Resilienz aus. Das Modell von Lazarus prägt bis heute die Stressforschung.

Die im Folgenden erläuterten stressbezogenen Arbeitsplatzmodelle sind im Speziellen dafür bekannt, den Zusammenhang von Arbeit und Stress im Rahmen eines theoretischen Modells zu erklären und gehören dabei zu den bedeutendsten der Stressforschung. Beide nutzen zur Operationalisierung des Untersuchungsgegenstandes psychosomatische Beschwerden, die infolge eines erhöhten Stressempfindens auftreten (Karasek 1979; Siegrist 1996).

2.1.2   Effort-Reward Imbalance Model

Das *Effort-Reward Imbalance Model* (ERI) (s. Abb. 2.1) kann als Abwägung des Arbeitnehmers verstanden werden, die sofern aus subjektiver Sichtweise der Arbeitsaufwand der Gratifikation überwiegt zu Disstress bzw. einer Gratifikationskrise führt. Dies kann der Fall sein, wenn seitens des Beschäftigten mehr in das Arbeitsverhältnis investiert wird, als er von dem Arbeitgeber in Form von monetärer und psychosozialer Wertschätzung zurückerhält. In diesem Fall spricht man von einer Gratifikationskrise.

Während die Anerkennungen in Form des Erwerbseinkommens und der sozialen Wertschätzung im Rahmen der vorliegenden Arbeit ausreichend selbsterklärend sind, bedarf der Aspekt der zwischenmenschlichen Beziehungen *(status control)* einer weiterführenden Erklärung. Die *status control* ist ein Zustand, der die negativen Implikationen eines Defizits zwischenmenschlicher Beziehungen

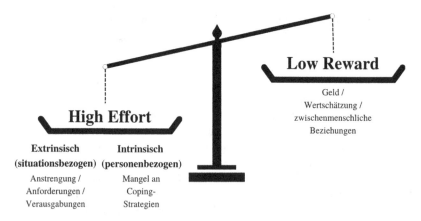

Abb. 2.1   Effort Reward Imbalance Model. (Eigene Darstellung in Anlehnung an Siegrist 1996, S. 30)

beschreibt. Da das Arbeitsleben für die meisten erwachsenen Menschen eine wichtige soziale Interaktionsmöglichkeit bietet, ist die Bedrohung der Kontinuität dessen mit anhaltendem emotionalem Stress verbunden (Siegrist 1996). Siegrist identifiziert damit die soziale Isolation als Gefährdung für das Kohärenzgefühl. Dies korrespondiert mit dem negativen Effekt der sozialen Isolation, der in Bezug auf das Homeoffice berichtet wird. Demnach kann die ausschließlich digitale Kommunikation zu einem Defizit der sozialen Interaktion führen (Marschal et al. 2020).

Die Gratifikationskrise infolge von mangelnder Wertschätzung des Arbeitgebers führt mit einer erhöhten Wahrscheinlichkeit zu einer Depression. Berufsanforderungen, die in der Forschung mit dem Tätigkeitsprofil des Homeoffice assoziiert werden, sind Autonomie sowie die Lern- und Entwicklungsbereitschaft, die sich aus einem von Vertrauen geprägten Arbeitsumfeld ergeben. Die Beziehung zu dem Arbeitgeber sollte von Fairness und Transparenz geprägt sein, jedoch sei dies in der Praxis häufig nicht in der nötigen Ausprägung gegeben (Siegrist 2016).

2.1.3 Job Demand-Control Model

Das *Job Demand-Control Model* (JD-C) (s. Abb. 2.2) fokussiert die Berufsanforderungen sowie die Berufsautonomie oder auch die Kontrolle, um das Wohlbefinden von Beschäftigten zu klären. In den zugrunde liegenden Studien wurden die Anforderungen zumeist durch Zeitdruck und Rollenkonflikte operationalisiert. Unter der Berufsautonomie werden Möglichkeiten verstanden, Einfluss auf die Arbeitsaktivitäten zu nehmen bzw. den Handlungsspielraum zu nutzen. Die Autonomie wird dabei in den Ermessensspielraum und die Entscheidungsbefugnis unterteilt (van der Doef und Maes 1999).

Darauf aufbauend formuliert Karasek vier Hypothesen, die in der Abb. 2.2 grafisch dargestellt werden. Dabei ist jedes Viertel der Matrix durch hohe bzw. niedrige Werte der soeben beschriebenen Konstrukte gekennzeichnet und impliziert jeweils eine Hypothese.

Dementsprechend lautet die *active-job* Hypothese im Klartext: Wenn die Berufsautonomie und die Arbeitsanforderungen gleichermaßen im hohen Bereich notieren, führt dies zu einem Lerneffekt. Dieser entsteht durch die Entwicklung positiver Verhaltensmuster, die mit einer hohen Arbeitszufriedenheit und einer verminderten Depressionsanfälligkeit, trotz der fordernden beruflichen Ansprüche, einhergehen (Karasek 1979).

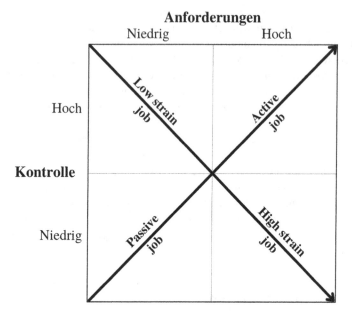

Abb. 2.2 Job-Demand-Control Model. (Eigene Darstellung in Anlehnung an van der Doef und Maes 1999, S. 88)

2.1.4 Homeoffice im Kontext des Job demands-ressources Model

In Anbetracht der komplexen Arbeitswelt sind Modelle, die spezifische Konstrukte zur Erklärung komplexer Arbeitssituationen heranziehen, zu statisch. Auch wenn sich das Tätigkeitsprofil eines Beschäftigten im Homeoffice in dem zuletzt genannten Modell in der zeitlichen und methodischen Autonomie widerspiegelt, scheint es für diese Studie nicht sinnvoll zu sein.

Die Kritik von Bakker und Demerouti (2007) an den beiden zuvor genannten Modellen liegt ebenda in der Einfachheit. Diese sei zwar gut, um spezielle Berufe zu untersuchen, träfe aber nicht auf die komplexe Realität der Arbeitswelt zu. Dabei sei es eine zu statische Betrachtungsweise, die auf ein schmales Spektrum an Berufsprofilen zuträfe und zudem die Wechselwirkungen von Faktoren untereinander ausschließe. Darüber hinaus habe die Forschung eine Vielzahl an Ressourcen und Belastung außerhalb der Konstrukte identifizieren können. Um dieser Problemstellung entgegenzuwirken, strukturiert das

Job demands-ressources Modell (JDR) die Erkenntnisse der Forschung hinsichtlich der Ressourcen und Anforderungen und untergliedert diese wiederum in verschiedene Kategorien.

In der Abb. 2.3 sind die beiden hauptsächlichen Wirkmechanismen der *job demands* und der *job ressources* dargestellt. Die Arbeitsanforderungen führen dabei zur Erschöpfung (Burn-out), wenn es im Rahmen der Interaktion zwischen den beiden Prozessen ungenügend Ressourcen gibt, um diese zu mildern. Auf der anderen Seite können sich ausbleibende Arbeitsanforderungen auf die Arbeitsressourcen auswirken und folglich zu einer erhöhten Motivation führen. Beide Prozesswege wirken sich auf das *organizational outcome* aus (Bachtal 2021; Bakker et al. 2004). Der *work-home conflict,* der unter den Anforderungen abgebildet wird, ist ein Konflikt der sich aus dem Arbeitspensum und den persönlichen Verantwortungen zu Hause ergibt. Dieser kann sich durch mangelnde Zeit oder der mangelnden Fähigkeit nach der Arbeit abzuschalten ergeben (Bakker et al. 2004).

Die *in-role performance* ist in diesem Konstrukt das Resultat der Arbeitsanforderungen im Rahmen des ersten Prozessweges und erfasst die Erreichung des formalen Arbeitsauftrags bzw. des Arbeitsziels. Damit betrachtet die *in-role performance* verschiedene Verhaltensweisen, die der direkten Erreichung von Organisationsziele beitragen (Demerouti et al. 2004).

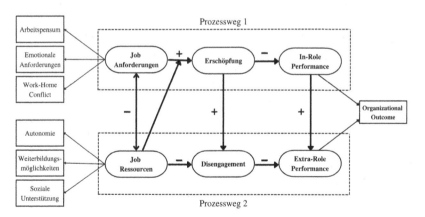

Abb. 2.3 Job demands-resources Model. (Eigene Darstellung in Anlehnung an Bakker und Demerouti 2007, S. 313; Bachtal 2021, S. 7)

Grundsätzlich ähnelt das JDR der Funktionsweise des ERI und dem JDC-Modell, jedoch besteht der Unterschied in der Multidimensionalität der Anforderungen und Ressourcen.

Die Merkmale der Anforderungen und Ressourcen können in physische, psychische, soziale und organisationale Aspekte unterschieden werden (Demerouti et al. 2001), weswegen dieses Modell geeignet ist, um die physische Arbeitsumgebung im Homeoffice zu analysieren.

2.2 Verhältnis von Wohnen und Arbeiten

Nachdem das passende psychologische Rahmenkonstrukt für die Studie identifiziert und wichtige psychologische Aspekte der Arbeit im Homeoffice genannt wurden, fokussiert sich der Abschn. 2.2 auf die immobilienwirtschaftlichen Rahmenbedingungen des Untersuchungsgegenstandes. Dabei ist die Betrachtung verschiedener Nutzungsarten sinnvoll, weswegen dieser Abschnitt sowohl die Grundlagen des Wohnens als auch die Entwicklung von Büroflächenkonzepten behandelt.

Die Ausgangssituation der Betrachtung ist das Zusammentreffen der Megatrends Globalisierung, Digitalisierung und Urbanisierung, denn diese haben weitreichende gesellschaftliche Konsequenzen, da sich diese sowohl auf die Art des zukünftigen Arbeitens als auch auf die des Wohnens auswirken (Peyinghaus und Zeitner 2019).

Die Unternehmensführung der betrieblichen Arbeitswelt sieht sich mit der digitalen Transformation konfrontiert. Diese wird durch die neuen Informations- und Kommunikationstechnologien vorangetrieben und hat die Verkürzung von Innovationszyklen zur Folge. Die Anforderungen an ein transformationales Arbeitsumfeld umfassen dabei unter anderem eine nachhaltige Flächeneffizienz und virtuelle Arbeitsplätze (Zingel 2015).

Aus Sicht des Arbeitgebers ist es in Anbetracht des Fachkräftemangels unverzichtbar, die Arbeitsbedingungen der Beschäftigten so attraktiv wie möglich zu gestalten und auf deren Bedürfnisse einzugehen. Darunterfallen sowohl die Incentivierung durch das Angebot ortsunabhängiger Arbeit als auch eine attraktive Gestaltung der Bürolandschaf in der Betriebsstätte (Peyinghaus und Zeitner 2019).

Diese Ausgangslage stellt eine erhebliche Herausforderung für die Immobilienwirtschaft dar, denn die Immobilie als langlebiges Endprodukt sieht sich beschleunigungsbedingten Anforderungen gegenüber. Es gilt auf die dynamische

Veränderung der Umwelt mit maßgeschneiderten Lösungen zu antworten, welche in praktische Handlungsformen integriert werden können (Junghanns und Morschhäuser 2013). Die Etablierung der digitalen Arbeit stellt eine Veränderung dar, die sowohl von der Organisation als Kollektiv, als auch auf subjektiver Ebene der Beschäftigten eine Reaktion erfordert. Neben dem Bereitstellen der digitalen Infrastruktur sowie bedarfsgerechter Kommunikationsmittel zur ortsunabhängigen Arbeit, muss auch die kommunikative Funktion der Betriebsstätte durch das Flächenkonzept forciert werden, um die Präsenzkontakte so effektiv wie möglich zu gestalten (Lefebvre 2021).

Auf subjektiver Ebene muss ein Arbeitsbereich in die Wohnung integriert werden, in dem es möglich ist, die Arbeitsaufgaben zu bewerkstelligen. Im Vergleich zum Büroarbeitsplatz, welcher durch eine professionelle Arbeitsplatzgestaltung die Arbeitsaufgabe unterstützt, birgt die Integrierung eines Arbeitsbereichs in der Wohnimmobilie einige Herausforderungen. Die umfangreiche Studie der technischen Universität Darmstadt stellt wichtige Erkenntnisse bezüglich des Zusammenhangs der immobilienwirtschaftlichen Qualität und dem Arbeitserfolg im Homeoffice heraus. Nach den Ergebnissen der Forschungsgruppe gelte die vereinfachende Aussage „sag mir, wie du wohnst, und ich sage dir, ob du im Homeoffice glücklich und produktiv bist" (Pfnür et al. 2021, S. 109).

Aus einer problemorientierten Betrachtungsweise wird schnell klar, dass der naheliegende Lösungsansatz der Qualitätssteigerung des Wohnraums zur Schaffung eines besseren Arbeitsumfelds keine Handlungsoption in der Realität darstellt. Aus diesem Grund müssen vor allem die Faktoren identifiziert werden, die den größten Einfluss auf den Arbeitserfolg haben und gleichzeitig unter der Beachtung ökonomischer Restriktionen umsetzbar sind.

2.2.1 Die Funktionen des Wohnens

Vergleichbar zu dem Verhältnis der Erwerbsarbeit und dem Erwerbsentgelt zur Lebensfinanzierung ist die Wohnung ein existentielles Gut, welches nicht substituierbar ist. Nach dem Konzept der Maslow-Pyramide (s. Abb. 2.4) erfüllt das Wohnen den Zweck der biologischen Selbsterhaltung und ist damit ein Grundbedürfnis des menschlichen Lebens. Im Rahmen verschiedener Ausprägungen der Wohnungssituation bietet die Wohnimmobilie den entsprechenden Bewohnern sowohl Schutz und Sicherheit als auch Raum zur persönlichen Entfaltung (Rottke et al. 2017).

Die Erwerbsarbeit und das Wohnen stellen beide *basic needs* dar, denn beide sind im Rahmen der Gesellschaft unverzichtbar, um die Grundversorgung des

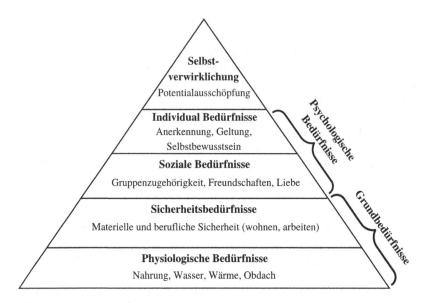

Abb. 2.4 Maslow-Pyramide. (Eigene Darstellung in Anlehnung an Maslow 1970)

Lebens sicherzustellen. Nach dem genannten Modell müssen die Bedürfnisse nach physiologischer Grundversorgung und Sicherheit befriedigt sein, um die Bedürfnisse der nächsten Hierarchiestufe erreichen zu können (Mcleod 2020). Im Vergleich zu den menschlichen Grundbedürfnissen ist das Arbeiten im Homeoffice ein Privileg, welches sich durch die Merkmale der zeitlichen und methodischen Autonomie auszeichnet. Nach Maslow (1970) begünstigt ein hohes Maß an Autonomie die höheren Bestrebungen wie die Selbstverwirklichung.

Auf dieselbe Weise lassen sich Nutzenaspekte des Wohnens unterscheiden. Während das Grundbedürfnis nach Sicherheit und der Wahrung gesellschaftspolitischer Interessen bereits durch einen abgetrennten Raum befriedigt wird (Grosskopf und König 2001), sind den Nutzenaspekten oberhalb des Existenzminimums kaum Grenzen gesetzt.

Die Royal Institution of Chartered Surveyors (RICS) definiert den Nutzwert „als Wert einer Immobilie aus der Sicht eines bestimmten Investors oder einer Gruppe von Investoren unter bestimmten, zuvor definierten Investitionszielen und -prämissen. In diesem Zusammenhang wird auch ein Eigennutzer als Investor betrachtet" (Lützkendorf und Lorenz 2017, S. 411).

Unter der Prämisse, einen Arbeitsbereich in die Wohnung integrieren zu wollen, gibt es bestimmte Wohnungseigenschaften, die in die Planung eingebunden werden sollten, um den subjektiven Nutzwert der Wohnung zu erhöhen. Da sich durch den zusätzlichen Nutzenaspekt eine erhöhte Flächennachfrage und je nach Ausprägungsgrad des Arbeitsbereichs zusätzlicher Raumbedarf ergibt, stellt dies eine nachfragebedingte Einschränkung der Wohnungsnutzungsleistung dar. Diese Einschränkung wird maßgeblich durch das Verhältnis des Haushaltseinkommens und der finanziellen Belastung des Wohnens definiert. Diese sogenannte ökonomische Budgetrestriktion stellt die wichtigste Determinante der Nachfrage an Wohnungsnutzungsleistung dar (Fink-Heuberger 2001).

Dementsprechend bedarf es der subjektiven Nutzenabwägung, ob ein Arbeitsbereich in der Wohnungsplanung unter Beachtung der Budgetrestriktion realisiert werden soll.

2.2.2 Entwicklung betrieblicher Bürokonzepte

Im Kontrast zu der klassischen Immobilienwirtschaft ist es Ziel der betrieblichen Immobilienwirtschaft (Corporate Real Estate Management, CREM) die Eigennutzerbedürfnisse der betrieblichen Liegenschaften zu optimieren. Während der engere Begriff des CREM die strategischen und taktischen Aspekte der immobilienwirtschaftlichen Wertschöpfungskette bezeichnet, sind im weiteren Sinne die lokal operativen Aufgaben des Gebäudemanagements inbegriffen (Glatte 2014). Das Ziel des Gebäudemanagements ist es, die Unterstützung des operativen Geschäfts in dem gesamten Lebenszyklus der Immobilie sicherzustellen. Dabei muss die Nutzung des Gebäudes laufend an die Anforderungen des Endnutzers angepasst werden (Schöne 2017). Vor allem im Hinblick auf die transformationalen Arbeitsanforderungen ist die Anpassung des Bürokonzepts von besonderer Bedeutung. Diesbezüglich ergeben sich verschiedene Ausgestaltungsmöglichkeiten des Büros deren Vor- und Nachteile im Laufe der Nutzung festgestellt und bedarfsgerecht optimiert werden können.

Ein Trend, der sich seit den 1970er-Jahren abzeichnet, ist die Entwicklung eines *open office* Konzepts, welches sich im Vergleich zu Zellenbüros durch verbesserte Interaktionsmöglichkeiten mit den Kollegen auszeichnet. Darüber hinaus verspricht ein *open office* eine einfache Umgestaltung von Arbeitsplätzen sowie eine erhöhte Flächeneffizienz durch verringerte technische Konstruktionsflächen. In der Praxis zeigen sich jedoch Nachteile wie z. B. der Mangel an Privatsphäre sowie eine verminderte Konzentrationsfähigkeit durch Unterbrechungen aufgrund von Gesprächen der Mitarbeiter untereinander, die in einem offenen Büro stärker

wahrgenommen werden können. Um dementsprechend die Vorteile des Zellenbüros und den offenen Bürolandschaften zu kombinieren, bietet das sogenannte
Kombi-Büro sowohl die Verknüpfung der Vorteile durch abgetrennte Büros als
auch nahe gelegene Interaktionsmöglichkeiten an nicht-personalisierten, geteilten
Arbeitsplätzen (Appel-Meulenbroek 2016).

Durch die Ausweitung des Homeoffice Angebots stehen zusätzliche Möglichkeiten der Modifizierung von Arbeitsplatzkonzepten durch die digitalen
Arbeitsplätze außerhalb der Betriebsstätte zur Verfügung. Dabei zeigt die ausführ-
liche Kostendiskussion durch den sprunghaften Anstieg der Nutzung im Zuge der
Pandemie eine Überschätzung des Kostenersparnispotentials. Dies ist zum einen
auf die Unterschätzung der Kosten für die richtlinienkonforme Arbeitsplatzum-
setzung im Zuhause des Arbeitnehmers und zum anderen auf die wachsende
Büroflächennachfrage in Ballungsgebieten zurückzuführen (Pfnür et al. 2021;
Feld et al. 2021).

Grundsätzlich zeichnet sich durch die zukunftsgerichteten Arbeitsplatzmodelle
ein positives Bild, welches vor allem durch die Chancen der Flexibilität realisiert
werden kann.

2.2.3 Nutzereinbindung im Kontext der betrieblichen Arbeitsplatzgestaltung

Der Gegenstandsbereich des Facilitymanagements umfasst „die Funktionalität
von gebautem Raum durch die Integration der Teilaspekte Mensch, Raum, Pro-
zess und Technologie" (Mühlbachler et al. 2018, S. 3). Dabei erfordert die
zunehmende Nutzerzentrierung eine kommunikative Schnittstelle zwischen betei-
ligten Architekten, Bauträgern und Planern, um die Nutzerbedürfnisse in die
Bedarfsplanung zu integrieren.

Durch die Professionalisierung der Nutzereinbindung besteht ein breites
Repertoire an Methoden, die dem Facilitymanagement zugeordnet werden können. Ziel der Nutzereinbindungsmethode ist eine analytische Vorgehensweise, um
die Nutzerbedürfnisse und Anforderungen systematisch zu erfassen und damit die
Nutzererlebnisse und letztendlich die Nutzungsqualität zu erhöhen (Mühlbachler
et al. 2018).

Die aufgelisteten Nutzereinbindungsmethoden adressieren den Büronutzer
mithilfe eines Fragebogens mit dem Zweck die subjektive Zufriedenheit bezüglich der Bürogestaltung zu erfassen. Diese subjektiven Daten werden in der
Vorgehensweise des *World Green Building Councils* durch das Hinzuziehen

Tab. 2.1 Nutzereinbindungsmethoden. (Eigene Darstellung in Anlehnung an Mühlbachler et al., S. 4; World Green Building Council 2014)

Methode	Skala	Inhalt
Building Use Studies (BUS) Methodology	1 bis 7	Noise, space, thermal comfort, ventilation, indoor air quality, lighting, image and needs, commute
GBC Health, Wellbeing & Productivity In Offices	1 bis 5	Indoor air quality, thermal comfort, daylight, lighting, biophilia, noise, interior layout, look & feel, active design, amenities & location
Leesman-Index; Leesman Index remote	1 bis 6	Work activities, impact of design, workplace features, workplace facilities
CBE Berkeley	1 bis 6	Acoustic quality, air quality, cleanliness and maintenance, general comments, lighting, office furnishings, office layout, thermal comfort

objektiver Daten mithilfe von festinstallierten Sensoren oder wirtschaftlichen Kennzahlen ergänzt (World Green Building Council 2014).

Durch die Gegenüberstellung der Nutzereinbindungsmethoden (Tab. 2.1) konnten die wichtigsten qualitativen Merkmale des Büroarbeitsplatzes identifiziert werden, die zur Produktivitätssteigerung beitragen. Aus der Schnittmenge der Gestaltungsdimensionen, die im Rahmen der gelisteten Methoden erhoben werden, ergeben sich folgende Merkmale mit exponierter Bedeutung:

- Licht, Geräuschkulisse, Temperatur
- Raum, Design, Möblierung
- *Activity based working*
- Lage, Zugang zu Versorgungsmöglichkeiten.

Der ursprüngliche *Leesman-Index* wurde durch eine Version ergänzt, die speziell für die Datenerfassung des *remote working* angepasst wurde und für den bereits 280.000 Daten vorliegen. Dieser fokussiert vor allem Aspekte der Produktivität, der digitalen Zusammenarbeit mit den Kollegen und der *Work-Life Balance* (Leeseman 2021). Die ausstattungsspezifischen Faktoren werden dabei durch Fragestellungen wie z. B. „Thinking about the work that you do, which of the following features are important to you when working from home and how satisfied are you with them?" (Leesman 2021, S. 2) erfasst. Dabei vernachlässigt die *remote* Version des Fragebogens die immobilienspezifischen Einflussfaktoren, die der Index doch eigentlich in der ursprünglichen Fassung sehr detailliert erhebt. Dennoch ist der *Leesman index remote* ein Instrument, welches in der Praxis sehr erfolgreich angewendet wird und seine Stärken vor allem in der detaillierten Erhebung des Tätigkeitsprofils hat.

Aus den Nutzereinbindungsmethoden des betrieblichen Arbeitsumfelds können physische Eigenschaften abgeleitet werden, die nachweislich die Arbeitsproduktivität der Büronutzer beeinflussen. Ein Begriff, der sich im Rahmen der zukunftsgerichteten Arbeitsplatzkonzepte etabliert, ist das *activity based working*. Dieser beschreibt die Möglichkeit des Arbeitnehmers, die Wahl des physischen Arbeitsraums an seine Arbeitsaufgabe anzupassen. Dies bedeutet z. B., dass Arbeitsaufgaben, die ein hohes Maß an Konzentrationsfähigkeit erfordern, in einem ruhigen Arbeitsbereich bewerkstelligt werden können, wohingegen für kreative Aufgaben ein interaktiver Bereich gewählt werden kann (Brunia et al. 2016).

Die Forschung zeigt, dass die persönliche Kontrolle über das Arbeitsumfeld einen großen Einfluss auf die Arbeitszufriedenheit sowie die Arbeitsproduktivität hat (Bakker und Demerouti 2007). Im persönlichen Wohnraum stehen je nach Ausgestaltung der Wohnsituation Möglichkeiten zur Verfügung, die Umgebung den eigenen Bedürfnissen anzupassen. Dennoch zeichnet sich bei der Betrachtung der vier idealtypischen Charakteristiken des modernen Wohnens nach den Soziologen Häußermann und Siebel ein pessimistisches Bild bezüglich der gebauten Realität. Demnach seien zwei Drittel des heutigen Wohnungsbestandes an dem Idealtypus der Kleinfamilie orientiert, welcher die Wohnung als den Gegenpol zur beruflichen Lebenswelt idealisiere (Fink-Heuberger 2013).

2.3   Hypothesenentwicklung und Zielsetzung

Die Literaturanalyse führt zu dem Schluss, dass bereits wichtige Erkenntnisse zu dem Zusammenhang zwischen der immobilienwirtschaftlichen Qualität und dem Arbeitserfolg vorliegen (Pfnür et al. 2021). Dennoch fehlt es an wissenschaftlichen Arbeiten, die aus einer ressourcenorientierten Betrachtungsweise die unterstützenden Mechanismen des räumlichen Arbeitsumfeldes im Kontext des *activity based working* erforschen.

Dementsprechend werden mithilfe der arbeitsbezogenen psychometrischen Skalen drei Hypothesen statistisch überprüft, die sich auf die Merkmale des Arbeitsumfeldes im Homeoffice beziehen.

Um in einem grundsätzlichen Schritt die Stichprobe auf einen Zusammenhang zwischen dem räumlichen Arbeitsumfeld und dem Arbeitserfolg zu testen, wird die Korrelation der Produktivität und der subjektiven Zufriedenheit mit dem Arbeitsumfeld überprüft. Die erste Hypothese lautet dabei, **(H1)** *Je zufriedener eine Person mit dem persönlichen Arbeitsbereich ist, desto produktiver ist sie.* Weiterhin geht aus der Literaturanalyse hervor, dass die rechtlichen Rahmenbedingungen der Umsetzung eines arbeitskonformen Arbeitsplatzes zu Hause nicht abschließend geregelt sind und dementsprechend mangelhaft in der Praxis umgesetzt werden (Feld et al. 2021). Dabei könnte die gesteigerte Produktivität der Beschäftigten ein Anreiz für Unternehmen bieten, effiziente Hilfsleistungen anzubieten. Daraus ergibt sich die Hypothese **(H2)**: *Je höher die Unterstützung des Arbeitgebers wahrgenommen wird, desto produktiver sind die Beschäftigten im Homeoffice.*

In der Konzeption neuartiger Büroflächenkonzepte wurden die Vor- und Nachteile in der Weiterentwicklung kombiniert, um den größtmöglichen Nutzen zu schaffen. Ein wichtiger Aspekt ist dabei die Möglichkeit Arbeitsaufgaben, für die eine erhöhte Konzentration erforderlich ist, in einer ruhigen Arbeitsumgebung bewerkstelligen zu können (Appel-Meulenbroek 2016). Dementsprechend wird davon ausgegangen, dass **(H3)** *Personen, die in ihrer Arbeitsumgebung im Homeoffice nicht durch Umgebungsgeräusche gestört werden, produktiver sind.*

Methode Design und Durchführung

Der flächendeckende Einsatz von digitalen Arbeitsmethoden im Zuge der Pandemie eröffnet enormes Potential für die Erforschung des Homeoffice. Durch die gestiegene Anzahl an Beschäftigten, die Erfahrungen mit dem Homeoffice sammeln konnten, haben sich die Forschungsbedingungen für eine Felduntersuchung im Vergleich zu vor der COVID-19 Pandemie deutlich verbessert.

Dem Untersuchungsgegenstand ist dabei eine explorative Vorgehensweise angemessen, da integrierende Betrachtungsweisen der physischen Arbeitsumgebung des Homeoffice zumeist in der Forschung vernachlässigt wurden (Pfnür et al. 2021). Um diesbezüglich den Datenumfang der Studie zu erhöhen, wurde die Bereitschaft der Teilnehmer durch die Erhebung 72 verschiedener manifester und latenter Variablen ausgereizt. Um Zusammenhänge zwischen der Arbeitsqualität und den immobilienwirtschaftlichen Eigenschaften identifizieren zu können, wurden psychometrische Skalen zur Messung der subjektiven Arbeitszufriedenheit und der subjektiven Produktivität genutzt.

Nach Kahnemann und Krueger (2006) orientiert sich die wirtschaftliche Forschung der subjektiven Zufriedenheitsmessung an dem Ansatz der profitorientierten Gallup Organisation. Diese erhebt durch regelmäßige Umfragen unter den Beschäftigten ihrer Geschäftskunden Daten bezüglich der Arbeitsmoral und der Zufriedenheit.

Ohne die Ergebnisse der wahrnehmungsbezogenen Antworten zu der Arbeitsumgebung überinterpretieren zu wollen, kann die Korrelationsanalyse dennoch zu einem besseren Verständnis der Auswirkungen der Arbeitsbedingungen auf den Immobiliennutzer beitragen (World Green Building Council 2014). Dabei ist es jedoch wichtig, die Forschung dem jeweiligen Nutzungsaspekt anzupassen. Den

J. Haffner et al., *Einfluss der immobilienwirtschaftlichen Qualität auf den Arbeitserfolg im Homeoffice*, Studien zum nachhaltigen Bauen und Wirtschaften, https://doi.org/10.1007/978-3-658-42333-9_3

Fehler zu denken, es sei möglich sämtliche menschlichen Motivationen und Emotionen durch ein vereinheitlichendes Konstrukt zu erklären, gilt es zu vermeiden (Kahnemann und Krueger 2006).

Um dementsprechend den Nutzenaspekt der explorativen Forschung bezüglich der physischen Arbeitsumgebung im Homeoffice zu erhöhen, wurden die Frageitems in Anlehnung an Nutzereinbindungsmethoden des Facilitymanagements konzipiert. Im Bereich des Facilitymanagements ist die Nutzereinbindung ein gängiges Instrument, um den Nutzungsbedarf zu erfassen und damit die Nutzungsqualität zu erhöhen. Die professionalisierte Bedarfsanalyse hat sich dabei in der Praxis bewährt (Mühlbachler et al. 2018; Hodulak und Schramm 2019).

3.1   Fragebogenkonzeption

Das übergeordnete Konzept des Fragebogens zeichnet sich durch eine Sparsamkeit an Fragen, der leichten Verständlichkeit und dem schlichten Layout aus, sodass die Beantwortung der Fragen problemlos über das mobile Endgerät und an größeren Bildschirmen ermöglicht wird. Um dies umzusetzen, wurde auf die gängige Software zur online basierten Fragebogenerstellung von Unipark zurückgegriffen. Zur ansprechenden Gestaltung des Web-Layouts werden zwei Logos verwendet, von denen eines das Logo der Hochschule Fresenius abbildet und das andere die Unterschrift „Homeoffice Web Survey" trägt und eigens konstruiert wurde.

Der Fragebogen umfasst exklusive der Informations- und Endseite acht weitere Seiten, die sich auf verschieden thematische Schwerpunkte beziehen. Der Fragebogen liegt sowohl in deutscher als auch in englischer Version vor. Um die Qualität der Datenerhebung durch den zweisprachigen Fragebogen zu gewährleisten, wurden die Fragen wortwörtlich übersetzt und darüber hinaus auf die sinngemäße Bedeutung überprüft und dementsprechend angepasst. Die Qualität der englischen Version wurde durch eine Muttersprachlerin überprüft. Dabei sind die ursprünglichen Fragen hauptsächlich aus dem Englischen in die deutsche Sprache übersetzt und der Übersetzungsprozess der psychometrischen Skalen ist in dem jeweiligen Kapitel dokumentiert.

In der Darstellung des Informationstextes auf der Willkommensseite wurde explizit darauf hingewiesen, dass sich die Umfrage an Personen mit Homeoffice Erfahrung richtet. Die Beantwortung der Fragen ist dabei vollkommen freiwillig und kann jederzeit abgebrochen werden. Die Kollektion der Daten ist vollständig anonym und fällt demzufolge nicht unter die Datenschutzgrundverordnung, weswegen keine separate Einwilligungserklärung der Teilnehmer und Teilnehmerinnen erforderlich war (Cognos-AG 2021).

Neben der Sprachauswahl, die aus funktionalen Gründen als erste Variable erhoben wird, werden acht soziodemographische Fragen gestellt, die durch drei weitere Angaben über die Rahmenbedingungen des Arbeitsverhältnisses im Homeoffice ergänzt werden.

Die Abwägung bei der Erhebung soziodemografischer Daten umfasst den wichtigen Aspekt der Forschungsethik. Hierbei darf die Anonymität des Fragebogens nicht durch eine detailreiche Erfassung von personenbezogenen Daten gefährdet werden (Döring et al. 2015), weswegen die Alterscluster mit einer Spannweite von 15 Jahren erhoben werden. Dadurch wird die Anonymität durch die unspezifische Erhebung gewahrt und gleichzeitig kann unter den verschiedenen Generationen unterschieden werden. Zusätzlich gibt es die Möglichkeit, die Angaben der personenbezogenen Daten zu verweigern.

Das Betonen der Anonymität im Informationsschreiben stellt dabei ein gängiges Instrument dar, um den Effekt der sozialen Erwünschtheit bei der Beantwortung von Fragebögen zu reduzieren. Auch wenn dieser nicht vollständig ausgeschaltet werden kann, wird die Anonymität in Web-Befragungen als positiv eingeschätzt, was wiederum die Tendenz zu sozial erwünschtem Antwortverhalten reduziert. Auf der anderen Seite ist die mangelnde Kontrolle der Respondenten ein allgegenwärtiger Nachteil der Online-Umfrage (Jackob et al. 2008).

Die weiteren soziodemographischen Angaben umfassen das Geschlecht, die ortsunabhängige Wohnsituation, den Beziehungsstatus sowie den Determinanten der Arbeitszeit im Homeoffice. Diese Daten werden im Rahmen der Stichprobenbeschreibung genutzt, um einen Überblick über die Teilnehmer der Umfrage zu generieren.

3.1.1 Erhebung der immobilienwirtschaftlichen Variablen

Die immobilienwirtschaftlichen Variablen werden nach den soziodemographischen Daten erhoben und umfassen nominal und ordinal skalierte Daten. Durch die nominalen Variablen werden die Merkmalsausprägungen der Wohnsituation erhoben, wie beispielsweise das Besitzverhältnis, die Wohnlage, die Art des Außenbereichs, die Anzahl der Wohnräume und die Beschaffenheit des Arbeitsbereichs. Diese Daten werden in der Stichprobenbeschreibung analysiert.

Die weiteren Fragen beziehen sich auf die Charakteristiken des heimischen Arbeitsbereichs mit Bezug auf das arbeitsdienliche Wohnen. Um diese zielführend zu erfassen, ist in der Konzeption eine Orientierung an den praktisch bewährten Instrumenten des Facilitymanagements deutlich erkennbar. Demgemäß können sowohl die Einflüsse auf die Nutzungsqualität der Büronutzung als auch die methodische Vorgehensweise wichtige Orientierungspunkte für die physische Betrachtung des Homeoffice generieren.

Diese Variablen sind ordinal skaliert und wurden durch eine Fragenmatrix, die insgesamt 19 Fragen umfasst, erhoben. Die Antwortmöglichkeiten wurden durch eine fünfstufige Likert-Skala von „trifft überhaupt nicht zu" bis „trifft voll und ganz zu" dargestellt. Dadurch können die subjektiven Antworten in quantitativen Daten transformiert und auf den Zusammenhang mit anderen Metriken untersucht werden (World Green Building Council 2014). In dem Fall der vorliegenden Forschung ergeben sich durch die ebenfalls ordinal skalierten Daten der psychometrischen Tests die Möglichkeit, die Variablen auf Korrelationen zu untersuchen.

Die Auswahl der Fragen ist an der Schnittmenge der Nutzungseinbindungsmethoden (Abschn. 2.2.3) orientiert und wurde zu einem großen Teil aus der Veröffentlichung des World Green Building Council (2014), in dem eine detaillierte Anleitung zur Erstellung einer nutzerorientierten Zufriedenheitsumfrage anhängt, sinngemäß übernommen.

Durch die Fragenmatrix werden die einzelnen Items kompakt dargestellt, wobei in der Desktop Version des Fragebogens die Antwortmöglichkeiten nach jeweils fünf Zeilen wiederholt werden, um Fehler bei der Beantwortung zu vermeiden.

Darüber hinaus wurden die Items randomisiert, sodass jeder Teilnehmer die Fragen in einer unterschiedlichen Reihenfolge präsentiert bekommen hat. Dies soll dazu dienen, Verzerrungen durch die Reihenfolge auszuschließen. Des Weiteren wurden verschiedene Fragen invers formuliert, sodass die Beantwortung der Fragen anhand von Mustern erkannt und dementsprechend in der Bewertung ausgeschlossen werden kann (Döring et al. 2015). Die übergeordnete Fragestellung der Fragenmatrix lautet „In der folgenden Matrix stehen verschiedene Aussagen. Beziehen Sie diese Aussagen auf Ihren Arbeitsbereich im Homeoffice und geben Sie Ihre Zustimmung an". Diese Instruktion wurde durch eine Erklärung der Antwortmöglichkeiten der fünfstufigen Skala ergänzt.

Die Fragen können verschiedenen Kategorien zugeordnet werden, wobei jeder Frage ein eigenständiger Wert zugeordnet wird. Dabei gibt es fünf Fragen, die keiner speziellen Kategorie zugeordnet werden können.

Diese umfassen z. B. ob der Arbeitsbereich im Allgemeinen als gutes Arbeitsumfeld eingeschätzt wird, wie die Produktivität im Vergleich zum Büro eingeschätzt wird und ob die Umsetzung des Arbeitsbereichs zu Hause vom Arbeitgeber unterstützt wurde.

Die nächste Dimension umfasst die Flexibilität, mit der arbeitsbezogene Aufgaben bewerkstelligt werden können bzw. welche räumlichen Gegebenheiten zum flexiblen Arbeiten genutzt werden können. Die Fragen lauten „Ich arbeite immer am selben Tisch", „Ich habe die Möglichkeit sowohl im Sitzen als auch im Stehen zu arbeiten" und „Ich kann meine Gedanken optisch an einem Whiteboard, einer Magnettafel oder an der Wand darstellen".

Weiterhin wurde die Zufriedenheit mit bauphysikalischen Eigenschaften der Wohnung erfragt, indem die Geräuschkulisse, die Temperatur und das Licht jeweils durch zwei Fragen abgebildet wurde. Dabei gilt eine Frage der Erfassung der Zufriedenheit und die andere der Möglichkeit, Einfluss auf den jeweiligen Umstand zu nehmen.

Ergänzt wurde die Fragenmatrix durch zwei weitere Fragen, die sich auf den Schreibtisch beziehen. Diese zielen zum einen auf die Größe des Schreibtischs und zum anderen auf die Ablageflächen um den Schreibtisch herum ab. Die Fragen der Matrix sind teilweise so gewählt, dass sie die Merkmale des Arbeitens im Sinne des *activity based working,* widerspiegeln (Hoendervanger et al. 2018; Brunia et al. 2016).

Ein weiterer Bestandteil des Fragebogens stellt das Klick-Ranking bezüglich der wichtigsten Faktoren des persönlichen Wohlbefindens dar. Dabei lautet der Fragetext des Rankings „Wählen Sie aus den folgenden immobilienwirtschaftlichen Faktoren, die 5 Faktoren aus, die für Ihr Wohlbefinden im Homeoffice am wichtigsten sind". Darunter befindet sich eine Ausfüllanweisung zum besseren Verständnis des Ranking Auftrags. Die Liste der Auswahlmöglichkeiten besteht aus acht Schlagwörtern, die jeweils durch eine ergänzende Beschreibung erläutert werden. Auch hier wurde die Auflistung der Items randomisiert, sodass eine Verzerrung durch die Reihenfolge ausgeschlossen wird. Die Auswahlmöglichkeiten umfassen: Anzahl der Räume, Wohnlage, baulicher Zustand, Außenbereich, Gebäudeart, Möblierung des Arbeitsbereichs, Fläche und Inneneinrichtung.

3.1.2 Task performance scale von Koopmans

Die *Individual Work Performance Scale* (IWPQ) ist ein Kurzfragebogen zur Erfassung der individuellen Arbeitsperformance, die aus drei Subskalen besteht. Die aktuelle Fassung des reflektiven Fragebogens wird als Version 1,0 bezeichnet, wobei zwei Vorgängerversionen mit den Versionsnummern 0,2 und 0,3 existieren. In der Entwicklung des Fragebogens wurden die trennschärfsten Indikatoren zur Erfassung des Konstrukts beibehalten, um die *task performance* zu messen. Dabei wurden die 47 Frageitems der ursprünglichen Version gekürzt, sodass die finale Version des Fragebogens mit 18 Items auskommt (Koopmans 2012, 2013, 2014). Die Arbeiten zu der Entwicklung des Fragebogens wurden auf der Forschungsplattform Research Gate freigegeben.

Die Werte bezüglich Cronbachs Alpha geben Auskunft über die interne Konsistenz der einzelnen Subskalen. Die Werte des dreiteiligen IWPQ erreichen Ausprägungen von ,79 bis zu ,89 und weisen damit eine gute Reliabilität auf. Dies bedeutet, dass die einzelnen Items auf dasselbe Konstrukt abzielen und dieses somit relativ präzise erfasst werden kann. Die genutzte Subskala der *task performance* weist mit dem Wert ,79 die geringst Reliabilität auf (Koopmans 2014).

Im Rahmen des JD-R Modell entspricht die *task performance* der *in-role performance* (vergleiche Abb. 2.3). Dieses Konstrukt beschreibt den formalen Arbeitsauftrag bzw. die Verhaltensweisen, die dem direkten Erreichen der Arbeitsziele und damit der Erreichung der Organisationsziele beitragen (Bakker et al. 2004; Koopnans 2014).

Die Fragen der *task performance* sind auf die letzten drei Monate bezogen. Dementsprechend stellen die Antwortmöglichkeiten der Fragematrix die Vollendung des jeweiligen Satzes, „In the past 3 months…" bzw. „In den letzten drei Monaten…" dar. Die Items lauten in der Orginalfassung z. B. „…I managed to plan my work so that it was done on time" (Koopmans 2014, S. 131), „…I kept in mind the results that I had to achieve in my work"(Koopmans 2014, S. 131) und „I was able to separate main issues from side issues at work" (Koopmans 2014, S. 131). Die Übersetzungen der jeweiligen deutschen Items lauten „…habe ich es geschafft meine Arbeit so zu planen, dass ich rechtzeitig fertig geworden bin", „…hatte ich die eigentlichen Ziele meiner Arbeit im Blick" und „…habe ich die wichtigen von den unwichtigen Themen der Arbeit unterscheiden können".

Die Auswertung der *task performance* erfolgt über die Mittelwertbildung der einzelnen Frageitems. Dabei reicht das Rating der jeweiligen Fragen von null bis vier, wobei die Antwortmöglichkeit „selten" auf die Fragen zur Aufgabenerreichung mit einem Wert von null in den Score einfließen. Auf der anderen Seite ist die Antwortmöglichkeit „immer" mit der Wertung vier verknüpft. Dementsprechend kann durch die Formel (Item 1 + 2 + 3 + 4 + 5)/5) der Score errechnet werden (Widyastuti und Hidayat 2018).

3.1.3 Job satisfaction scale

Die Arbeitszufriedenheit ist ein affektiver Zustand, welcher sich vor allem auf die gegenwärtige individuelle Arbeitssituation bezieht. Das *Job demands-ressources Model* zeigt, dass mit der Veränderung von Arbeitsanforderungen und Arbeitsressourcen ebenfalls eine Änderung der Arbeitszufriedenheit einher geht. Dabei wurde in der Forschung herausgestellt, dass sich das adäquate Vorhandensein von Job Ressourcen positiv auf die Arbeitszufriedenheit auswirkt (de Beer et al. 2016). Um die Ressourcen und Anforderungen des physischen Arbeitsumfeldes zu untersuchen, scheint es damit ein geeignetes Konstrukt zu sein.

Die interne Konsistenz der zehn Frageitems liegt mit dem Wert von ,77 im signifikanten Bereich und erfasst damit das eindimensionale Konstrukt der Arbeitszufriedenheit. Darüber hinaus kann der Fragebogen auf ein breites Feld von Berufsfeldern angewendet werden, ohne an Aussagekraft zu verlieren (Macdonald und MacIntyre 1997).

Es gibt eine Vielzahl von psychometrischen Tests, die zum Messen der Arbeitszufriedenheit herangezogen werden können. Für den Zweck der hiesigen Untersuchung wurden lediglich Skalen beachtet, die lizenzfrei benutzt werden können und darüber hinaus ein valides Ergebnis mit wenigen Fragen gewährleisten können. Nach Beachtung dieser Kriterien ergibt sich die engere Auswahl zwischen der *Skala zur Erfassung der Arbeitszufriedenheit* (SAZ) und der *Job satisfaction scale* (JSS). Es wurde sich gegen den SAZ von Fischer und Lück (1997) entschieden, denn dieser wird wegen der Doppeldeutigkeit und der teilweise schwer verständlichen Items kritisiert.

Ein beispielhaftes Item lautet „Meine Arbeit macht mir wenig Spaß, aber man sollte nicht allzu viel erwarten" (Fischer und Lück 1997, S. 1). Vor allem die methodengerechte Übersetzung in die englische Sprache konnte durch die Doppeldeutigkeit nicht gewährleistet werden.

Dies resultiert in der Wahl der JSS für die hiesige Untersuchung, weswegen die zehn Items der Skala in den Fragebogen aufgenommen wurden. Beispiele der Frageformulierung lauten „I receive recognition for a job well done" (Macdonald und MacIntyre 1997, S. 10), „I think working is good for my health" (Macdonald und MacIntyre 1997, S. 10) und „I feel comfortable with my coworkers" (Macdonald und MacIntyre 1997, S. 10). Durch die prägnanten Fragestellungen ergaben sich für die Übersetzung der Items keine Komplikationen. Die genannten Items wurden in der deutschen Version des Fragebogens mit „Ich erhalte Anerkennung für meine guten Arbeitsleistungen", „Ich denke, die Arbeit ist gut für meine Gesundheit" und „Ich fühle mich wohl mit meinen Kollegen" übersetzt. Die Initialfrage für die Fragenmatrix lautet „Decide wether you agree or disagree with the following statements". Dementsprechend lautet die deutsche Instruktion „Entscheiden Sie, ob sie den folgenden Statements zustimmen oder sie ablehnen".

Die Fragen der Skala sind bewusst auf die Emotionen des Befragten gegenüber ihrem Beruf ausgerichtet, denn dies sei besser geeignet, um die Arbeitszufriedenheit zu messen. Dabei wurden Korrelationen der Skala mit wichtigen Indikatoren wie bspw. dem Stress, dem Involvement als psychische Indikatoren und darüber hinaus mit dem Umsatz der entsprechenden Organisation als betriebswirtschaftlichen Kenngröße überprüft (Macdonald und MacIntyre 1997). Da es sich um eine eindimensionale Skala handelt, deren Items auf dasselbe Konstrukt abzielen, erfolgt die Berechnung des Scores über die Bildung des Mittelwerts. Aus diesem Grund reicht das Ergebnis von eins bis fünf. Ein niedriger Score deutet darauf hin, dass der Beschäftigte eher unzufrieden ist, wohingegen ein hoher Score auf eine hohe Arbeitszufriedenheit impliziert.

3.2   Forschungsdesign

Die vorliegende Studie ist explorativ und soll Korrelationen zwischen dem Arbeitserfolg und den räumlichen Arbeitsbedingungen von Beschäftigten im Homeoffice identifizieren. Dazu wurde der beschriebene Fragebogen zur Erhebung quantitativer Daten genutzt.

Die geplante Feldphase für die Datenkollektion erstreckte sich vom 07.06.2022 bis zum 21.06.2022 und konnte im genannten Zeitraum durchgeführt werden. Die Distribution des Fragebogens erfolgte sowohl auf der berufsbezogene social Media Plattform „LinkedIn" als auch in firmeninternen E-Mail-Verteilern des privaten Sektors und dem öffentlichen Dienst, die durch private und geschäftliche Kontakte des Autors erreicht werden konnten. Von der persönlichen Verbreitung des Umfragelinks wurde aus Gründen der Anonymität abgesehen. Weitere Anonymitätsmechanismen wurden durch die Konzeption des Fragebogens sichergestellt.

Die Stichprobe wird als sogenannte Gelegenheitsstichprobe oder anfallende Stichprobe bezeichnet, da die Teilnehmer der Umfrage unter keinen bestimmten Voraussetzungen ausgewählt wurden. Es handelt sich darüber hinaus um eine einmalige Datenerhebung, bei der die Teilnehmer durch einen technischen Sicherheitsmechanismus daran gehindert werden, mehrfach an der Studie teilzunehmen. Damit stellt die vorliegende Studie eine Querschnittsstudie dar (Döring et al. 2015).

Die Grundgesamtheit des Untersuchungsgegenstandes besteht aus jenen Personen, die Teile ihrer Arbeitszeit von zu Hause erbracht haben und damit aus eigener Erfahrung den physischen Einfluss auf die persönliche Arbeitsleistung erlebt haben. Der Zielgruppe wird durch das gemeinsame Merkmal des Arbeitens im Homeoffice ein gewisses Maß an digitaler Affinität unterstellt, sodass die Erhebung mittels Onlinefragebogen keine Einschränkungen für die Untersuchung der relevanten Personengruppe darstellt.

Der Pretest eines Fragebogens bezieht sich vor der Feldphase sowohl auf optische, semantische und funktionale Optimierungen von Fragebogenelementen (Döring et al. 2013). Dieses Vorgehen wurde im Rahmen der Fragebogenkonzeption angewendet, um die Qualität durch Kommentare von Korrektoren schrittweise zu erhöhen. Softwaretechnisch ergänzt die Phase des Pretests das herkömmliche Web-Layout des Fragebogens durch ein Kommentarfeld, welches auf jeder Seite ausgefüllt werden kann. So konnten sowohl deutsche als auch englisch sprachige Kommentare verschiedener Tester dokumentiert werden. Diese Prozedur hat zu verschiedenen Verbesserung des Informationsschreibens, der Übersetzung und der Verständlichkeit der Fragen geführt.

Die verwendeten psychometrischen Skalen, die *task-performance scale* von Koopmans et al. (2014) sowie *die job satisfaction scale* von Macdonald und MacIntyre (1997) sind die abhängigen Variablen des Untersuchungsdesigns. Diese werden auf Zusammenhänge mit den unabhängigen Variablen, die sich durch die Fragen zur räumlichen Umgebung ergeben, untersucht. Das Konstrukt des Arbeitserfolges ist in der Forschung nicht einheitlich definiert, sodass von keinem einheitlichen Konstrukt in der Forschung gesprochen werden kann. Jedoch werden die Arbeitszufriedenheit und die Erreichung der zentralen Arbeitsaufgaben in verschiedenen Arbeiten als wichtige Dimensionen genannt (Dette et al. 2004). Da die zuvor genutzten psychometrischen Tests eine Abbildung der beiden genannten Dimensionen gewährleisten, wurden diese für die hiesige Forschung gewählt.

Durch die JSS erfassen diese sowohl den emotionalen Bezug zu wichtigen Aspekten der Arbeit, als auch die persönliche Kompetenz zur Erreichung von Arbeitszielen durch die TPS. Um den Arbeitserfolg durch den Mittelwert beider Scores zu berechnen, muss die TPS dem Rating der JSS mit der Zuweisung der Werte von 1–5 angepasst werden, damit keine Verzerrung der Werte entstehen. Die Scores der psychometrischen Skalen wurden entsprechend den jeweiligen methodischen Vorgaben in SPSS durch verschiedene Hilfsvariablen implementiert. Zur Berechnung des Arbeitserfolges wurde eine zusätzliche Hilfsvariable genutzt. Die resultierenden Arbeitsschritte für die weitere Aufbereitung der quantitativen Daten aus der Fragenmatrix umfasst zusätzlich die Umkehrung von negativ gepolten Items.

Die Auswertung des Rankings bezieht sich auf die Reihenfolge der wichtigsten fünf Faktoren aus acht Auswahlmöglichkeiten. Dementsprechend wurde den Auswahlmöglichkeiten, je nach zugeordnetem Rang, eine Gewichtung zugewiesen, die von 5 (Rang 1) bis 1 (Rang 5) reicht.

Nachdem der Fragebogen automatisch nach der Feldphase deaktiviert wurde, wurden die Daten in das Statistikprogramm SPSS von IBM exportiert. Die 120 beendeten Datensätze wurden weiterhin bereinigt, um die Datenqualität zu steigern. Es konnten insgesamt neun Datensätze von Befragten gesammelt werden, deren Wohnsitz außerhalb von Deutschland liegt. Diese sind wiederum auf sechs verschiedene Nationen aufgeteilt, weswegen diese bei der Auswertung wegen der mangelnden Aussagekraft nicht berücksichtigt wurden. Außerdem wurden jene Datensätze ausgeschlossen, die mehr als fünf fehlende Variablen aufweisen oder in einer Bearbeitungszeit von unter drei Minuten abgeschlossen wurden. Zuletzt wurden durch eine Filterfrage die Personen ausgeschlossen, die zwar Homeoffice Erfahrung haben, aber angegeben haben, in der letzten Zeit nicht im Homeoffice gearbeitet zu haben. Nach der beschriebenen Bereinigung verbeiben 94 Datensätze für die Auswertung der Studie.

3.3   Statistische Analyse

Die deskriptive Analyse nutzt Lageparameter zur Beschreibung von Häufigkeitsverteilungen, wobei die Aussagekraft des entsprechenden Lagemaßes in Abhängigkeit zu dem Skalenniveau steht. Die nominal skalierten Variablen sind dabei nummerische Zuweisungen einer bestimmten Merkmalsausprägung, weswegen der einzige sinnvolle Lageparameter die absolute Häufigkeit ist. Ordinal skalierte Variablen bilden über die schlichte Zuweisung eines Wertes hinaus eine natürliche Reihenfolge, wobei der Abstand der jeweiligen Ränge grundsätzlich nicht quantifizierbar ist. Dementsprechend dürfen Ränge nicht zur Summen- oder Differenzbildung herangezogen werden, weswegen der Bildung des arithmetischen Mittels statistisch keine Bedeutung zukommt (Bourier 2022). Da die Anwendung der hiesigen Frageitems durch die Likert Skala erfolgt, ist eine symmetrischer Aufbau der Antwortmöglichkeiten gegeben, weswegen die Betrachtung des Mittelwertes durchaus Sinn ergibt, um einen Überblick zu generieren und Tendenzen in der Grundgesamtheit zu erkennen.

Zur weiteren Beschreibung der Stichprobe hinsichtlich der Verteilung können Lagemaße wie die Schiefe und die Kurtosis herangezogen werden, um die Abweichung der vorliegenden Verteilung in Relation zu der Normalverteilung zu beschreiben. Die Gaußsche Normalverteilung ist dabei eine symmetrische Verteilung um den Erwartungswert.

Die Schiefe gibt Auskunft über die Symmetrie der Verteilung und vergleicht somit die links und rechtsseitigen Werte des Mittelwertes. Wenn die Schiefe im negativen Bereich notiert, ist die Verteilung als linksschief bzw. rechtssteil zu bezeichnen.

Die Kurtosis beschreibt den Verlauf der Verteilung zum Mittelwert im Vergleich zu der Normalverteilung, wobei diese steiler oder flacher verlaufen kann. Wenn die Kurtosis einen Wert größer null annimmt, ist die Steigung größer, als die der Normalverteilung und zeugt dementsprechend von einer schmaleren Kurve, die durch weniger Werte an den äußeren Rändern gekennzeichnet ist (Janssen und Laatz 2013).

Um die statistischen Korrelationen der ordinal skalierten Daten zu überprüfen, wurde der Spearman Rangkorrelationskoeffizient verwendet. Dieses Rangkorrelationsmaß kann für unabhängige nichtparametrische Stichproben wie in dem vorliegenden Fall gegeben angewendet werden. Eine nichtparametrische Verteilung bedeutet, dass die untersuchten Daten nicht normalverteilt sind, weswegen auf das Verfahren von Spearman zurückgegriffen werden muss. Der Korrelationskoeffizient kann einen Wert von -1 bis $+1$ annehmen, wobei ein Wert von 0 die absolute Unabhängigkeit angibt. Je näher der Wert an den Grenzwerten liegt, desto stärker ist der Effekt, wobei das Vorzeichen entsprechend eine negative bzw. positive Korrelation bedeutet. Ab einem Wert von 0,1 liegt eine schwache Korrelation vor, während von einem mittleren Zusammenhang ab einer Ausprägung von 0,3 sowie von einer starken Korrelation ab 0,5 gesprochen werden kann (Cohen 1988).

Bei einem positiven Zusammenhang kann davon ausgegangen werden, dass mit einem höheren Rang der Merkmalausprägung X ein höherer Rang der korrelierenden Merkmalausprägung Y einhergeht (Bourier 2022).

Um den Stellenwert des Zusammenhangsmaßes einordnen zu können, gibt es verschiedene Hypothesentests, um das Signifikanzniveau zu bestimmen. Dabei ist die Grundlage dessen die Annahme einer unabhängigen Wahrscheinlichkeitsverteilung. In der Sozialforschung wird als maximales Fehlerniveau $\alpha = 5\,\%$ angenommen, was bedeutet, dass eine Wahrscheinlichkeit der fälschlichen Abweisung der Unabhängigkeitsannahme von 5 % toleriert wird. Demgemäß wird ab einem Signifikanzniveau unter 5 % von einem signifikanten Effekt ausgegangen, wohingegen ein α unter 1 % einer höheren Signifikanz entspricht (Janssen und Laatz 2013).

Ergebnisse 4

Die Ergebnisse der Studie werden in einem ersten Schritt durch zwei beschreibende Kapitel dargestellt. Zunächst erfolgt diesbezüglich die Stichproben-Beschreibung, um einen Überblick über die Merkmale der Personengruppen und deren Wohnsituation zu ermöglichen. Im zweiten Teil erfolgt die deskriptive Datenanalyse, welche die Ergebnisse der Umfrage beschreibt. Dazu wird der Datensatz hinsichtlich der Häufigkeitsverteilung sowie möglicher Korrelationen der Fragenmatrix mit den psychometrischen Skalen analysiert. Darüber hinaus wird das Ranking bezüglich der wichtigsten räumlichen Faktoren ausgewertet und die formulierten Hypothesen einer statistischen Überprüfung unterzogen.

4.1 Stichproben Beschreibung

Durch die Verteilung des Bearbeitungslinks zur Umfrage konnten insgesamt 218 Klicks generiert werden. Die Anzahl der Aufrufe führte zu insgesamt 120 Beendigungen und somit zu vollständigen Datensätzen. Dies entspricht einer Beendigungsquote von 55 %. Ein Anteil von 30 % der vorzeitigen Abbrüche ist auf die erste Seite des Fragebogens zurückzuführen, die den Informationstext enthält. Dies entspricht einer Anzahl von 67 Personen. Weitere 31 Personen brachen die Umfrage während der Bearbeitung des Fragebogens ab, wobei die meisten Abbrüche auf die Seite mit den soziodemographischen Daten und der Fragenmatrix zum Arbeitsbereich zurückzuführen sind. Die mittlere Bearbeitungszeit beträgt knapp über acht Minuten und entspricht damit der angegebenen Bearbeitungszeit von unter zehn Minuten. Es ist klarzustellen, dass die Umfrage nicht

© Der/die Autor(en), exklusiv lizenziert an Springer Fachmedien Wiesbaden GmbH, ein Teil von Springer Nature 2023
J. Haffner et al., *Einfluss der immobilienwirtschaftlichen Qualität auf den Arbeitserfolg im Homeoffice*, Studien zum nachhaltigen Bauen und Wirtschaften,
https://doi.org/10.1007/978-3-658-42333-9_4

vor Ende der geplanten Feldphase inaktiviert wurde, sondern es sich um ein Zufallsprodukt handelt, dass 120 Datensätze gesammelt wurden.

Dem Untersuchungsgegenstand geschuldet, kann die Stichprobe unter verschiedenen Aspekten beschrieben werden. So ergibt sich die Unterscheidung in personenbezogene und wohnungsbezogene Daten. Die deskriptive Darstellung der Stichprobe erfolgt durch eine Häufigkeitstabelle (s. Tab. 4.1), welche die absolute Häufigkeit, den prozentualen Anteil und die kumulierte prozentuale Häufigkeit angibt. Die Einteilung erfolgt durch verschiedene Kategorien, die wiederum verschiedene Merkmalsausprägungen darstellen und gleichzeitig sinngemäß den Antwortmöglichkeiten entsprechen.

Die meisten Befragten können dem jüngsten Alterscluster von 18–27 Jahren zugeordnet werden, während die beiden mittleren Cluster nahezu den gleichen Anteil der Stichprobe widerspiegeln und die Personen über 58 Jahren mit 5 % am geringsten vertreten sind.

Das Geschlechterverhältnis ist mit 46 % zu 52 % ausgewogen, wobei die Anzahl der weiblichen Befragten die männlichen um fünf Teilnehmer übersteigt und eine Person diesbezüglich keine Angabe machte. Der Anteil von 23 % der Teilnehmer lebt alleinstehend, wohingegen 76 % in einer festen Paarbeziehung, einer eingetragenen Lebenspartnerschaft oder einer Ehepartnerschaft sind. Der überwiegende Teil der Stichprobe hat durch die COVID-19 Pandemie erstmalig die Möglichkeit im Homeoffice zu arbeiten. Die genaue Betrachtung zeigt, dass 76 % zu dieser Personengruppe gehört.

Die Verteilung der Arbeitstage, die im Homeoffice vollzogen werden, sind relativ gleichmäßig verteilt. Die meisten Personen arbeiten jedoch zwei Tage die Woche im Homeoffice. Der Modalwert der Wochenarbeitszeit liegt in dem Cluster von 30 bis 40 Wochenstunden. Die Verteilung ist linksschief, denn tendenziell gibt es in der Stichprobe mehr Personen, die gemessen am Modalwert weniger Wochenstunden erbringen.

Die jeweilige Wohnsituation der Teilnehmer ist nach demselben Schema wie die personenbezogenen Daten in Tab. 4.2 tabellarisch aufgeführt. Es zeigt sich eine ausgeglichene Verteilung hinsichtlich des Besitzverhältnisses zwischen Eigentum und Miete. Weiterhin wohnen 50 % der Befragten in einem Mehrfamilienhaus, wohingegen 33 % in einem freistehenden Haus und die restlichen 17 % in einer Doppelhaushälfte bzw. in einem Reihenhaus leben.

Die Wohnsituation kann darüber hinaus durch die Anzahl der Wohnräume spezifiziert werden. Dabei zeichnet sich ab, dass die wenigsten in einer Wohnung mit weniger als zwei Zimmern leben, die meisten hingegen in einer Wohnung mit zwei bis vier Wohnräumen. Dies entspricht einem Anteil von 10 % bzw.

Tab. 4.1 Personenbezogene Daten der Stichprobe

	Ausprägung	*Häufigkeit*	*Prozent*	*Kumuliert*
Alter	18–27 Jahren	36	38,3 %	38,30 %
	27–42 Jahren	29	30,9 %	69,10 %
	42–58 Jahren	24	25,5 %	94,70 %
	Älter als 58 Jahre	5	5,3 %	100 %
	Gesamt	94	100 %	
Geschlecht	Männlich	44	46,8 %	46,80 %
	Weiblich	49	52,1 %	98,90 %
	Keine Angabe	1	1,1 %	100 %
	Gesamt	94	100 %	
Beziehungsstatus	Ehe/eing. Partnerschaft	31	33 %	33 %
	Feste Paarbeziehung	41	43,6 %	76,60 %
	Single	22	23,4 %	100 %
	Gesamt	94	100 %	
Seit wann Ho	Vor Corona	22	23,4 %	23,4 %
	Seit Corona	72	76,6 %	100 %
	Gesamt	94	100 %	
Wochenarbeitszeit	10–20 h	16	17,0 %	17,00 %
	20–30 h	14	14,9 %	31,89 %
	30–40 h	52	55,3 %	87,21 %
	40–50 h	7	7,4 %	94,66 %
	50+ Stunden	5	5,3 %	100 %
	Gesamt	94	100 %	
Tage/Woche Ho	1 Tag	18	19,1 %	19,10 %
	2 Tage	25	26,6 %	45,70 %
	3 Tage	17	18,1 %	63,80 %
	4 Tage	13	13,8 %	77,70 %
	5 Tage (100 %)	21	22,3 %	100 %
	Gesamt	94	100 %	

Tab. 4.2 Wohnungsbezogene Daten

	Ausprägung	*Häufigkeit*	*Prozent*	*Kumuliert*
Besitzverhältnis	Miete	44	46,80 %	46,80 %
	Eigentum	49	52,10 %	98,90 %
	Sonstiges	1	1,10 %	100 %
	Gesamt	94	100 %	
Wohnart	Freistehendes Haus	31	33 %	33 %
	Doppelhaushälfte	16	17 %	50 %
	Mfh < 6 Einheiten	24	25,50 %	75,50 %
	Mfh > 6 Einheiten	23	24,50 %	100,00 %
	Gesamt	94	100 %	
Wohnräume	<2 Wohnräume	9	9,60 %	9,60 %
	2–4 Wohnräume	42	44,70 %	54,30 %
	4–6 Wohnräume	29	30,90 %	85,20 %
	>6 Wohnräume	14	14,90 %	100,00 %
	Gesamt	94	100 %	
Arbeitsbereich	Separater Arbeitsbereich	47	50,0 %	50 %
	Dezidierter Bereich	37	39,40 %	89,40 %
	Unspezifisch	10	10,60 %	100,00 %
	Gesamt	94	100 %	
Ho beachtet	Ja	35	37,20 %	37,20 %
	Nein	59	62,80 %	100 %
	Gesamt	94	100 %	
Erwachsene/Haushalt	Alleine wohnend	24	25,5 %	25,53 %
	Zu zweit wohnend	50	53,2 %	78,72 %
	3–4 Erwachsene	19	20,2 %	98,94 %
	>4 Erwachsene	1	1,1 %	100,00 %
	Gesamt	94	100,0 %	

45 %. Mit der steigenden Anzahl an Zimmern wird die Häufigkeit der Befragten geringer.

Ein ähnliches Ergebnis zeichnet sich in der Art des Arbeitsbereichs ab. Hier ist festzustellen, dass 50 % der Personen über einen separaten Raum verfügen, in dem der Arbeitsbereich errichtet ist. 37 % haben ihren Arbeitsbereich als einen dezidierten Bereich im Wohn- Schlaf- oder Esszimmer beschrieben und 10 % geben an, keinen spezifischen Arbeitsplatz zu haben.

Weiterhin geht aus den Angaben der Teilnehmer hervor, dass 62,8 % der Befragten bei der Auswahl des derzeitigen Wohnsitzes nicht explizit auf einen Arbeitsbereich geachtet haben. Dahingegen geben 51 % an, dass sie zukünftig auf den Arbeitsbereich achten würden, denn dieser sei ihnen sehr wichtig. Im Gegensatz dazu gaben 36,2 % der Teilnehmer an, ihnen seien andere Aspekte der Wohnung wichtiger als der Arbeitsplatz. Weitere 12 % waren sich diesbezüglich unschlüssig und gaben dies entsprechend an.

Die statistische Verteilung der Haushaltssituation zeigt, dass 25 % der Befragten alleine wohnen, wohingegen der Modalwert zeigt, dass 50 Personen mit zwei Erwachsenen in einem Haushalt leben. Insgesamt 21 % der Befragten geben an mit mehr als zwei Erwachsenen in einem Haushalt zu leben.

4.2 Deskriptive Analyse

Die deskriptive Analyse beinhaltet sowohl Häufigkeitsverteilungen als auch Korrelationsanalysen, wobei die Kennzeichnung in Form von Sternen hinter dem Korrelationskoeffizienten zur Übersichtlichkeit dient. Ein Stern entspricht dem Signifikanzniveau von $\alpha = 0,05$, wohingegen zwei Sterne von einem Signifikanzniveau von unter 0,01 zeugen.

Einen wichtigen Bestandteil der weitergehenden Analyse bilden die psychometrischen Skalen, weswegen diese an erster Stelle betrachtet werden.

Die Korrelationsanalyse mithilfe des Spearman-Rho zeigt einen signifikanten Zusammenhang der Skalen untereinander. Aus der Tab. 4.3 geht hervor, dass die TPS mit der JSS auf einem Signifikanzniveau von ,042 mit dem Korrelationskoeffizienten von ,210 einen schwachen bis moderaten positiven Zusammenhang aufweist. Die beiden Skalen korrelieren mit einer Effektstärke von ,724 bzw. ,777 stark mit dem Arbeitserfolg, der aus diesen gebildet wurde.

In der Abb. 4.1 ist die Häufigkeitsverteilung des Arbeitserfolgs im Vergleich zu der Normalverteilungskurve dargestellt. Hieraus geht ein Mittelwert von 3,75 und eine Standardabweichung von ,5 hervor. Die Ausprägung der Schiefe ist mit einem Wert von $-,795$ linksschief und weist damit mehr Werte rechtsseitig des Mittelwerts auf. Dies ist bei der TPS und JSS ebenfalls festzustellen, wobei die TPS mit einem Wert von $-,56$ am geringsten ist. Der Arbeitserfolg ist mit der Kurtosis von 1,09 im Vergleich zur Normalverteilung steilgipflig, wohingegen dieser Wert für die TPS mit ,399 und der JSS mit ,338 geringer ausfällt, aber dennoch spitz verläuft.

Tab. 4.3 Korrelationen der psychometrischen Skalen

Spearman-Rho			
	TPS	*JSS*	*Arbeitserfolg*
TPS	X	,210[*]	,724[**]
Sig. (2-seitig)	X	0,042	<,001
JSS	,210[*]	X	,777[**]
Sig. (2-seitig)	0,042	X	<,001
Arbeitserfolg	,724[**]	,777[**]	X
Sig. (2-seitig)	<,001	<,001	X

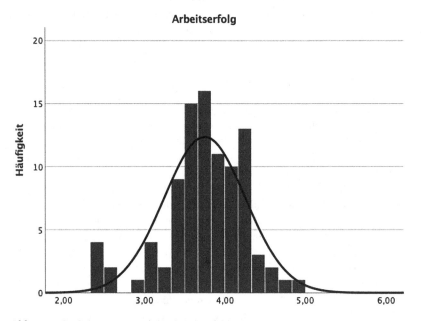

Abb. 4.1 Häufigkeitsverteilung des Arbeitserfolgs

Im weiteren Verlauf der deskriptiven Analyse wird die Fragenmatrix zum Arbeitsbereich sukzessive auf Korrelationen mit dem Spearman-Rho Verfahren untersucht. Die abgebildeten Tab. 4.4 bis 4.8 sind dabei Ausschnitte der im Anhang befindlichen vollständigen Darstellung, die sowohl die Codierungen als

Tab. 4.4 Korrelationen der Fragenmatrix – v_Allgemein

v_Allgemein	TPS	JSS	Arbeitserfolg
Im Großen und Ganzen ist mein Arbeitsbereich ein exzellentes Arbeitsumfeld. **(H1)**	,274**	−0,059	0,112
Sig. (2-seitig)	0,008	0,575	0,284
Meine Internetverbindung ist stabil und schnell	0,044	−0,077	−0,034
Sig. (2-seitig)	0,676	0,461	0,743
Ich bin produktiver, wenn ich von Zuhause arbeite anstatt im Büro	,309**	−0,126	0,062
Sig. (2-seitig)	0,002	0,226	0,552
Bei der Umsetz. meines Arbeitsbereiches wurde ich von meinem Arbeitgeber unterstützt. **(H2)**	0,046	,278**	,217*
Sig. (2-seitig)	0,657	0,007	0,036
Ich bin sehr produktiv, wenn ich von zu Hause arbeite	,247*	−0,064	0,094
Sig. (2-seitig)	0,016	0,54	0,367

auch die Polung der Fragen enthält. Zum besseren Verständnis der Daten, werden die Fragen im Folgenden als Zeilen in der Tabelle eingefügt. Die Statements in denTabellen sind in Bezug zum übergeordneten Fragetext zu verstehen. Hier werden die Teilnehmer gebeten, die Beantwortung der Fragen auf ihren Arbeitsbereich im Homeoffice zu beziehen und ihre Zustimmung durch die fünfstufige Zustimmungsskala anzugeben.

In den Zellen der folgenden Korrelationstabellen sind die Korrelationskoeffizienten und das Signifikanzniveau in Bezug zu der *task performance scale*, der *job satisfaction scale* sowie dem Arbeitserfolg angegeben. In dem ersten Teil der Fragenmatrix befinden sich die allgemeinen Statements, die keinen spezifischen Kategorien zugeordnet werden können. Dabei enthält die folgende Tab. 4.4 die ersten beiden Hypothesen.

Die erste Hypothese **(H1)** bezieht sich auf den allgemeinen Zusammenhang des Arbeitsbereichs und der Produktivität. Die Hypothese nimmt an, dass sich die Zufriedenheit mit dem persönlichen Arbeitsbereich positiv auf die Arbeitsproduktivität auswirkt.

Die Korrelationsanalyse zeigt, dass diese Hypothese beibehalten werden kann. Es kann ein positiver Zusammenhang der Zufriedenheit mit dem Arbeitsbereich mit einer Effektstärke von ,274 mit der TPS auf dem Signifikanzniveau von ,008 in der Stichprobe nachgewiesen werden.

Dahingegen zeigt sich keine Korrelation mit der Arbeitszufriedenheit, denn der Korrelationskoeffizient liegt nahe null und weist keine Signifikanz auf. Ähnliches ist bezüglich der Frage nach der Stabilität der Internetverbindung festzustellen. Hier ergibt sich keine Signifikanz, wobei bemerkenswert ist, dass nur vier Personen angaben, ihre Internetverbindung sei nicht stabil und schnell. Die Tabelle zeigt weitere signifikante Zusammenhänge mit der TPS auf, wobei diese Fragen produktivitätsbezogen sind.

Die Frage nach der Umsetzung des Arbeitsplatzes stellt die Grundlage der Hypothese (H2) dar. Diese nimmt an, dass die wahrgenommen Unterstützung durch den Arbeitgeber positiv mit der Produktivität korreliert. Der Spearman Korrelationskoeffizient kann diese Annahme nicht bestätigen, denn der Wert ,046 liegt nahe null im positiven Bereich und ist darüber hinaus nicht signifikant. Dennoch kann bezüglich der Unterstützung eine signifikante Korrelation mit der Arbeitszufriedenheit und dem Arbeitserfolg nachgewiesen werden, wobei die Signifikanzniveaus ,007 bzw. ,036 betragen und damit einer hohen Signifikanz entsprechen. Die Effektstärke der JSS ist mit ,278 höher als die des Arbeitserfolgs mit einem Wert von ,217.

Die Häufigkeitsverteilung der Frage bezüglich der Arbeitgeberunterstützung in Tab. 4.5 zeigt, dass 23 % der Stichprobe angaben, es träfe zu, dass sie von ihrem Arbeitgeber bei der Umsetzung ihres Heimarbeitsplatzes unterstützt würden. Demgegenüber steht eine kumulierte relative Häufigkeit von 58,5 % der Befragten, die angaben, es träfe nicht zu, dass sie vom Arbeitgeber unterstützt würden. Weitere 17 % sind demgegenüber neutral gestimmt.

Die Tab. 4.6 zeigt Korrelationen mit den Fragen, die sich auf die Flexibilität der Arbeitsgestaltung des heimischen Arbeitsbereichs beziehen.

In der ersten Zeile der Tab. 4.6 können gleich zwei Korrelationen mit einem Item festgestellt werden, wobei eine positive und eine negative Korrelation nachgewiesen werden kann. Dabei handelt es sich um die Frage, ob immer am selben

Tab. 4.5 Häufigkeitsverteilung Arbeitgeberunterstützung

	Häufigkeit	Prozent	Kumulierte Prozente
Trifft überhaupt nicht zu	38	40,4 %	40,4 %
Trifft eher nicht zu	17	18,1 %	58,5 %
Teils/Teils	16	17 %	75,50 %
Trifft eher zu	18	19,1 %	94,70 %
Trifft voll und ganz zu	5	5,3 %	100 %
Gesamt	94	100 %	

Tab. 4.6 Korrelationsanalyse der Fragenmatrix – v_Flexibilität

V_Flexibilität	TPS	JSS	Arbeitserfolg
Ich arbeite immer am selben Tisch	,207[*]	−,264[*]	0,021
Sig. (2-seitig)	0,045	0,01	0,838
Ich habe die Möglichkeit sowohl im Sitzen als auch im Stehen zu arbeiten	0,177	0,167	,228[*]
Sig. (2-seitig)	0,088	0,108	0,027
Ich kann meine Gedanken optisch an einem Whiteboard, einer Magnettafel oder an der Wand darstellen	0,076	0,094	0,107
Sig. (2-seitig)	0,464	0,368	0,304

Tisch gearbeitet wird. Dabei korreliert das Arbeiten am selben Tisch mit einer Stärke von ,207 mit der TPS, wohingegen ein negativer Koeffizient von −,264 für die JSS besteht. Demgemäß kann in der Stichprobe eine Korrelation von Personen, die angeben, ständig an demselben Tisch zu arbeiten und der TPS mit einer Alpha Fehlertoleranz von 4,5 % festgestellt werden, wobei der Zusammenhang mit der JSS negativ ist und ein Signifikanzniveau von ,01 aufweist.

Eine weitere signifikante Korrelation in Tab. 4.6 besteht zwischen der Möglichkeit sowohl im Sitzen als auch im Stehen zu arbeiten und dem Arbeitserfolg. Zu dem Vorhandensein eines Whiteboards oder einer Magnettafel konnte kein Zusammenhang festgestellt werden.

Eine schwach positive Korrelation kann zwischen dem Lärm im Fall eines offenen Fensters und den psychometrischen Skalen nachgewiesen werden, jedoch ist keine von diesen signifikant.

In der zweiten Frage nach der Geräuschkulisse in Tab. 4.7 findet sich die Hypothese **(H3)** wieder. Hier wurde Evidenz dafür gefunden, dass die angenehme Geräuschkulisse in der Wohnung einen positiven Effekt auf die Produktivität hat. **(H3)** kann mit einer mittleren Effektstärke von ,258 auf dem zweiseitigen Signifikanzniveau von ,012 beibehalten werden. Des Weiteren zeigt sich ebenfalls eine positive Korrelation von ,226 mit dem Arbeitserfolg auf einem Signifikanzniveau von ,028.

Bezüglich der Frage in Tab. 4.8, ob der Schreibtisch als zu klein empfunden wird, kann eine weitere Korrelation mit der TPS festgestellt werden. Hier zeigt sich eine positive Korrelation zwischen der adäquaten Größe des Schreibtisches und der Arbeitsproduktivität mit einer Stärke von ,208. Zu der Frage der Ablageflächen konnte kein Effekt beobachtet werden.

Tab. 4.7 Korrelationsanalyse der Fragenmatrix – v_Geräuschkulisse

v_Geräuschkulisse	TPS	JSS	Arbeitserfolg
Wenn ich das Fenster öffne ist es zu laut	0,183	0,1	0,175
Sig. (2-seitig)	0,077	0,34	0,092
Die Geräuschkulisse in meiner Wohnung ist angenehm	,258*	0,109	,226*
Sig. (2-seitig)	0,012	0,295	0,028

Tab. 4.8 Korrelationsanalyse der Fragenmatrix – v_Schreibtisch

v_Schreibtisch	TPS	JSS	Arbeitserfolg
Mein Schreibtisch ist zu klein	,208*	−0,037	0,073
Sig. (2-seitig)	0,045	0,726	0,483
Ich habe genügend Ablageflächen um meinen Schreibtisch herum	0,135	−0,041	0,024
Sig. (2-seitig)	0,194	0,696	0,818

Insgesamt ergibt die Auswertung der Fragenmatrix zwölf signifikante Korrelationen, wobei die meisten auf die *task performance scale* zurückzuführen sind. Dahingegen konnten zwei Zusammenhänge mit der *job satisfaction scale* und drei mit dem Arbeitserfolg identifiziert werden.

Neben den dargestellten Items der Fragenmatrix wurden keine signifikanten Korrelationen zu den Kategorien der Temperatur, dem Licht und der Lage gefunden. Allerdings zeigt sich bei beiden Fragen nach der Temperatur sowie der Frage über die Möglichkeit Einfluss auf das Licht zu nehmen, ein leicht positiver Zusammenhang, welcher allerdings nicht signifikant ist. Die Daten, die sich durch die Fragen zur Wohnlage ergeben, führen ebenfalls zu keinen signifikanten Ergebnissen. Die genauen Werte können der vollständigen Darstellung entnommen werden.

Der letzte Teil der deskriptiven Analyse beschreibt die Auswertung der Ranking Methode.

Die Auswertung des Rankings wurde in der Abb. 4.2 visualisiert. Dabei repräsentieren die Spalten die jeweilige Auswahlkategorie und die Zeilen die absolute Häufigkeit des gewählten Gegenstandes. Die Ränge sind hierarchisch in der linken Spalte geordnet, wobei der Gewichtungsfaktor in Klammern angegeben wird. Die erste Ergebnisspalte gibt die Häufigkeit an, mit der die jeweilige Kategorie unter die wichtigsten fünf Faktoren gewählt wurde.

Rang	Möblier-ung	Anzahl Räume	Innen-einrichtung	Außen-bereich	Fläche	Wohnlage	Baulicher Zustannd	Gebäudeart
1 (x5)	30	23	17	6	9	2	3	2
2 (x4)	25	18	15	10	14	2	3	4
3 (x3)	10	16	18	16	11	6	7	5
4 (x2)	10	12	9	18	13	8	8	5
5 (x1)	6	7	13	16	14	12	6	4
Anzahl	81	76	72	66	61	30	27	20
Score	306	266	230	170	174	64	70	55
Platz. gew.	1	2	3	4	5	6	7	8
Platz. ungew.	1	2	3	4	5	6	7	8

Abb. 4.2 Auswertung der Ranking Methode

Aus dem gewichteten Ranking ergibt sich folgende Rangordnung:

1. Möblierung des Arbeitsbereichs (Schreibtisch, Stuhl, Ablageflächen, …)
2. Anzahl der Räume (separater Arbeitsbereich, separater Bereich zum Abschalten, …)
3. Inneneinrichtung (Gestaltung des Arbeitsbereichs, Pflanzen, …)
4. Fläche (um außerhalb des Arbeitsbereichs zu arbeiten, …)
5. Außenbereich (Garten, Balkon, Terrasse, …)

Im Vergleich zur ungewichteten Rangfolge ergibt sich durch die Gewichtung keine Abweichung der Ränge. Unterhalb der aufgelisteten Ränge befinden sich auf Platz sechs bis acht der bauliche Zustand, die Wohnlage und die Gebäudeart. Die Spannweite des gewichteten Scores reicht von 55 Punkten bis zu 306 Punkten, wohingegen die des ungewichteten Scores von 20 bis 81 Punkten reicht. Die Differenz des letzten Ranges und der ersten Platzierung außerhalb der Rangplatzierungen ist 31 bzw. 110 Punkte.

Diskussion

Der immobilienwirtschaftliche Teilaspekt der Betrachtung des Homeoffice ist nur ein Puzzleteil in einem weitaus umfassenderen Wirkungsgefüge. Dennoch ergeben sich aus der zunehmenden Verflechtung der Lebensbereiche Arbeit und Freizeit durch die physischen Ressourcen im Kontext der biopsychosozialen Wechselwirkung Möglichkeiten den vielschichtigen Anforderungen der modernen Arbeitswelt entgegenzuwirken.

Aus den Restriktionen der gebauten Realität und den Rahmenbedingungen des Marktes ergibt sich die Aufgabe der Gesellschaft innovative Lösungen zur Ausschöpfung des besagten Potentials aufzudecken. Die Integration digitaler Arbeitsmodelle zur Weiterentwicklung bestehender Organisationsstrukturen erfordert die Kompensation ausbleibender sozialer Kontakte durch ausgewogene Büroflächen, die das Zusammentreffen und den Austausch begünstigen (Appel-Meulenbroek 2016).

Im Gegensatz dazu haben Beschäftigte die Möglichkeit, durch die Flexibilisierung der Arbeit die individuelle Steigerung der Lebensqualität, in Form von zusätzlichem Spielraum in Planungsprozessen, zu verwirklichen.

Zum Gelingen dessen gehört auch die beidseitige Bereitschaft zum fairen Austausch zwischen Arbeitgeber und Arbeitnehmer, vor allem in der Integration eines arbeitskonformen Arbeitsplatzes, aber auch in dem verantwortungsvollen Umgang mit der zugetrauten Autonomie und den mangelnden Kontrollmöglichkeiten.

Die vorliegende Forschung nutzt die Erkenntnisse der Nutzerintegration für die Produktentwicklung betrieblicher Büroflächenkonzepte, um arbeitsdienliche Wohnungseigenschaften zu identifizieren. Dabei beruht die initiative Idee der

J. Haffner et al., *Einfluss der immobilienwirtschaftlichen Qualität auf den Arbeitserfolg im Homeoffice*, Studien zum nachhaltigen Bauen und Wirtschaften, https://doi.org/10.1007/978-3-658-42333-9_5

Nutzereinbindung auf der bedarfsgerechten Bereitstellung von betrieblichen Liegenschaften mit dem Hintergedanken beiderseitigen Nutzen zu kreieren. In der hiesigen Studie wird die Methode der Nutzereinbindung genutzt, um allgemeine Tendenzen der heimischen Arbeitsplatzgestaltung, in der Grundgesamtheit der Homeoffice Erfahrenen zu identifizieren. Darüber hinaus könnte die beschriebene Methode einen Beitrag als kommunikatives Mittel zur Diagnostik des Status quo fungieren.

5.1   Zusammenfassung und Interpretation

Die explorative Studie konnte Zusammenhänge zwischen den arbeitsbezogenen psychometrischen Skalen und subjektiven Einschätzungen bezüglich der räumlichen Aspekte des eigenen Arbeitsbereichs aufdecken. Darüber hinaus konnten zwei der drei formulierten Hypothesen beibehalten werden, wobei (H2), die die Produktivitätssteigerung durch die Unterstützung des Arbeitgebers bei der Umsetzung des heimischen Arbeitsbereichs vorhersagte, verworfen werden musste. Interessant dabei ist, dass die Korrelation des zugrunde liegenden Frageitems und der Arbeitszufriedenheit den zweitstärksten Effekt der Studie darstellt. Die Unterstützung des Arbeitgebers scheint sich positiv auf die Arbeitszufriedenheit auszuwirken, jedoch konnte dieser Effekt für die Produktivität nicht nachgewiesen werden.

Die Gratifikation des Arbeitgebers in Form der Unterstützung bei der Integration des Arbeitsbereiches scheint seine Wirkung hinsichtlich der Zufriedenheit der Beschäftigten zu entfalten. Diese Incentivierung wirkt sich positiv auf die emotionalitätsbezogene *job satisfaction scale* aus und stellt damit eine soziale Unterstützung dar (Macdonald und MacIntyre 1997; Siegrist 2013).

Fragwürdig ist dennoch die Effizienz im wirtschaftlichen Sinne, denn die von dem Arbeitgeber eingesetzten Ressourcen für die Unterstützung spiegeln sich wider Erwarten nicht in der subjektiv wahrgenommenen Produktivität der Beschäftigten wider.

Aus dem Ranking ergeben sich die Möblierung, die Anzahl der Räume, die Inneneinrichtung und der Außenbereich als die wichtigsten Faktoren für das persönliche Wohlbefinden im Homeoffice. Während die Anzahl der Räume und der Außenbereich eher umständlich durch eine kurzfristige Intervention des Arbeitgebers optimiert werden kann, scheinen die Möglichkeiten der Einflussnahme auf die Möbel und die Inneneinrichtung realistischer zu sein. Für den Arbeitgeber ergibt sich daraus die Möglichkeit, als beratende Instanz im Sinne der positiven Arbeitsplatzgestaltung, auf die Möblierung und die Inneneinrichtung des Beschäftigten einzuwirken.

Als weiterer wichtiger Anhaltspunkt für den Arbeitserfolg im Homeoffice wird die Geräuschkulisse im Rahmen von (H3) identifiziert. Während die Frage nach der Lärmursache durch die Umfrage nicht spezifiziert wurde, sind die immobilienwirtschaftlichen Einflussmöglichkeiten auf die Raumakustik ohnehin hauptsächlich auf die Konzeptionsplanung beschränkt (Arnold 2017). Zusätzlich können durch die Wohnsituation, unabhängig von dem technischen Gebäudezustand, unvermeidbare Lärmquellen durch weitere Personen im Haushalt oder externe Umstände wie z. B. eine Baustelle nicht ausgeschaltet werden. Das ursprüngliche Problem der Konzentrationsfähigkeit, welches sich durch die Geräuschkulisse in der Wohnung negativ auf die subjektiv wahrgenommene Produktivität auswirkt, muss aus einer ressourcenorientierten Betrachtungsweise auf anderem Wege behoben werden. Ein potenzieller Lösungsansatz bietet sich durch den technologischen Fortschritt in Form von geräuschunterdrückenden Kopfhörern, wobei dies empirisch überprüft werden müsste. Eine Studie des Fraunhofer Instituts für Bauphysik konnte diesbezüglich keine signifikante Auswirkung einer solchen Technik auf die kognitive Leistung von Beschäftigten in einem *open office* feststellen (Müller et al. 2019).

Im Rahmen des Statements „Ich arbeite immer am selben Tisch" ergibt sich in der Stichprobe ein augenscheinlich paradoxes Ergebnis. Während die wahrgenommene Produktivität mit dem ständigen Arbeiten an demselben Tisch positiv korreliert, zeigt sich ein negativer Zusammenhang mit der Arbeitszufriedenheit. Ergänzend zu der Erkenntnis aus (H1) bestätigt dies, dass die Arbeitszufriedenheit und die Arbeitsproduktivität nicht zwingend miteinander einhergehen. Dabei kann eine Person sowohl mit ihrer Arbeitssituation unzufrieden und produktiv sein als auch zufrieden und unproduktiv (Prott 2001).

Ein Ansatz zur Erklärung der festgestellten Unzufriedenheit im Zusammenhang mit einem statischen Arbeitsumfeld ergibt sich aus dem damit einhergehenden Mangel an Flexibilität. Die gegensätzliche positive Korrelation mit der TPS könnte mit ebendiesem statischen Arbeitsumfeld erklärt werden, wobei dies in den persönlichen Präferenzen der Arbeitsweise liegt. Hier zeigen sich einmal mehr die Unterschiede der subjektiven Wahrnehmung, weswegen der Schluss nahe liegt, dass ein unverändertes Arbeitsumfeld abhängig von den subjektiven Bedürfnissen der Person sowohl als Ressource mit positiver Wirkung als auch als Belastungsfaktor mit negativen Folgen wirken kann. Folglich fällt es schwer, eine generalisierende Empfehlung hinsichtlich eines festen oder dynamischen Arbeitsplatzes auszusprechen. Gleichzeitig kann eine Evidenz dafür festgestellt werden, dass persönliche Bedürfnisse von beträchtlicher Bedeutung in der Arbeitsplatzgestaltung sind.

Insgesamt haben in der vorliegenden Stichprobe 76 % der Personen durch die Pandemie erstmals die Möglichkeit im Homeoffice zu arbeiten. Gleichzeitig zeigt

sich, dass 67 % der Befragten die Umsetzung des Arbeitsbereichs in der Wohnungsplanung nicht berücksichtigt haben, wobei dies über 50 % zukünftig tun
würden. Damit manifestiert sich in der Wohnungssuche der Vor-Corona-Situation
die Annahme einer untergeordneten Rolle des Arbeitsbereichs Zuhause, wobei die
Dringlichkeit eines Arbeitsplatzes bei den meisten durch das fehlende Angebot
von remote Arbeitsplätzen nicht gegeben war.

Die Bedeutung individueller Nutzenaspekte des Wohnraums verändert sich
durch den übergeordneten sozialen Wandel, sodass die Realisierung der Wohnwünsche im Vergleich zu früher weniger an dem Repräsentationsgedanken des
sozialen Status, sondern an der Selbstentfaltung und der Fungibilität orientiert sind (Fink-Heuberger 2001). Tendenziell zeigte sich schon vor COVID-19
ein Zuwachs an der Bedeutung des Arbeitsbereichs z. B. in der Nachfrage
nach Eigentumswohnung von Singlehaushalten. Hier ist der Wunsch nach
einem zusätzlichen Raum zur Nutzung als Arbeitszimmer zu beobachten. Damit
einhergehend steigt voraussichtlich die Pro-Kopf-Wohnfläche in den neuen Bundesländern Deutschlands bis 2030 auf 54 Quadratmeter im Vergleich zu 43
Quadratmeter im Basisjahr 2013 (Zohari 2017). Im Hinblick auf die unerwartete,
extrem beschleunigte Adaption von Homeoffice Modellen im Zuge der Pandemie
könnte der prognostizierte Effekt ein erheblich höheres Ausmaß annehmen.

Auch wenn diese Forschungsarbeit die Untersuchung des Arbeitsbereichs zu
Hause fokussiert, sollten in einer ganzheitlichen Betrachtung die Rahmenbedingungen der unterschiedlichen Immobilienteilmärkte beachtet werden. Während
sich die Umsetzung eines privaten Arbeitsbereichs in ländlichen Regionen durch
die dominierenden individuellen Wohnformen leichter umsetzen lässt, müssen
vor allem in städtischen Lagen in Anbetracht der Wohnungssituation Alternativen gefunden werden. Der zusätzliche Raumbedarf kann in Ballungsgebieten
nicht ohne Weiteres erfüllt werden, wobei sich hier andere Lösungsansätze durch
sogenannte *second* und *third places* für das räumlich flexible Arbeiten anbieten.
Dabei ist der *second place* die betriebliche Arbeitsstätte, wohingegen unter dem
third place allgemein die Angebote des öffentlichen Raumes wie z. B. Cafés,
Shopping-Center oder Co-Working-Spaces verstanden werden (Efremidis 2017).

Die Bedeutung eines abgetrennten Arbeitsbereichs zeigt sich als wichtiger
Erfolgsfaktor für die Heimarbeit (Leesman Index 2021; Pfnür et al. 2021).
Dabei kann eine lösungsorientierte Vorgehensweise, wie z. B. die wohnortahen Arbeitsmöglichkeiten in Ballungsgebieten oder die Arbeitgeberunterstützung
bei der Umsetzung des heimischen Arbeitsbereichs, die Arbeitsqualität der
Beschäftigten nachhaltig steigern.

5.2 Praktische Implikationen

Die Unterstützung durch den Arbeitgeber scheint sich positiv auf die Arbeitszufriedenheit auszuwirken, wohingegen der Effekt für die subjektiv wahrgenommene Produktivität in der Stichprobe nicht nachgewiesen werden konnte. Dabei spielt die Effektivität der Unterstützung eine maßgebliche Rolle für die effiziente Ressourcennutzung. Hier eröffnet sich die Frage, wie Beschäftigte zielführend bei der Umsetzung des Arbeitsbereichs unterstützt werden können, wobei die Nutzer- und Ressourcenorientierung eine wichtige Rolle für die Bedarfsermittlung einnehmen könnte.

Darauf formulieren wiederum die Nutzereinbindungsmethoden eine Antwort, denn während diese nützlich sind, um Tendenzen in größeren Grundgesamtheiten zu erkennen, können sie darüber hinaus auch als kommunikatives Instrument zur Bedarfsermittlung eingesetzt werden (World Green Building Council 2014). Dabei stellen die individuellen Gestaltungsmöglichkeiten eines Fragebogens in Kombination mit der online basierten Erhebung eine Chance dar, mit relativ wenig Aufwand einen Mehrwert zu erschaffen.

Wichtig ist, dass die Erhebungsmethode dem jeweiligen Nutzungsaspekt angemessen ist, wobei die Erhebung im Kontext der Bedarfsermittlung zur zielführenden Unterstützung bei der Umsetzung des Arbeitsbereichs eine andere Vorgehensweise erfordert als die wissenschaftliche Erforschung der Belastungen und Ressourcen, die sich durch das räumliche Arbeitsumfeld ergeben.

Speziell für die Arbeitsplatzgestaltung im Homeoffice sollte bestenfalls ein detailliertes Abbild der Tätigkeitsmerkmale des jeweiligen Berufs (Leesman Index 2021) sowie die räumlichen und personenbezogenen Umstände der zu unterstützenden Person in die Betrachtung einbezogen werden. Auf diesem Weg kann der Status quo erfasst und darauf aufbauend, ressourcenorientierte Lösungen entwickelt werden. Bedeutsam ist dabei jedoch, dass die Verweigerung einer solchen Intervention wegen der Annäherung des Arbeitgebers an den persönlichen Lebensbereich des Beschäftigten, unbedingt ohne negative Konsequenzen gewährleistet sein muss. Abzuwägen ist dabei ein hinreichendes Maß an Individualisierung mit dem Zweck, ein möglichst detailliertes Bild von der Arbeitssituation zu erheben und gleichzeitig die Anonymisierung zur Wahrung der Privatsphäre zu gewährleisten.

Die grundsätzliche Problematik der Qualitätssteigerung räumlicher Faktoren für die Nützlichkeit des Wohnraums zum Arbeiten liegt in den Eigenschaften der Immobilie. Diese sind hauptsächlich in der Konzeptions- und Planungsphase beeinflussbar und darüber hinaus ist der Kostenaufwand für die Flexibilität in der Nutzungsphase durch diese determiniert (Ehrenheim 2017). Der größte

Hebel für die Beeinflussung der immobilienwirtschaftlichen Qualität liegt in der Konzeptionsphase, wobei der Handlungsspielraum durch die Budgetrestriktion eingeschränkt ist (Grosskopf et al. 2001).

Aus einer ressourcenorientierten Betrachtungsweise muss dementsprechend mit Pragmatismus entgegengewirkt werden.

In den Mittelpunkt der Betrachtung sollten die negativen Auswirkungen mangelnder technischer Aspekte der Immobilie wie z. B. die Geräuschkulisse in Folge des mangelhaften Schallschutzes gegen den Außenlärm oder den Körperschall sowie der mangelnde thermische Komfort durch eine schlechte energetische Qualität (Lützkendorf und Lorenz 2017) gestellt werden. Auch wenn hier kaum eine Möglichkeit des Arbeitgebers besteht, die Ursache der negativen Auswirkungen zu adressieren, können dennoch die resultierenden Folgen der Beschäftigten gemindert werden. Hierbei eröffnet sich durch den technischen Fortschritt die Lösung, den Lärm und den mangelnden thermischen Komfort als Folgen der gegebenen Gebäudefaktoren durch geräuschunterdrückende Kopfhörer und tragbare Luftkühlungssysteme zu adressieren, ohne direkt auf diese einzuwirken zu müssen.

5.3   Limitationen und zukünftige Forschung

In dieser Forschung wurden subjektive psychometrische Skalen genutzt, um auffällige Zusammenhänge zwischen diesen und dem räumlichen Arbeitsumfeld im Homeoffice zu identifizieren. Die Messung anhand subjektiver Indikatoren kann diesbezüglich Korrelationen verschiedener Variablen aufdecken, welche jedoch nicht kausal im Sinne einer Ursache-Wirkungs-Relation sind. Dies kann durch einen Fragebogen per se nicht nachgewiesen werden (Döring et al. 2015) weswegen sich das Hinzuziehen von harten Faktoren, vor allem im Hinblick auf das interdisziplinäre Forschungsumfeld, als nützlich erweisen könnte. Die Wirtschaftswissenschaften haben im Vergleich zur Psychologie ein berechtigtes Interesse daran, tatsächliche Handlungen von Menschen höher zu gewichten als die subjektiven Umstände, die zu diesen führen. Dabei ist die Messung des subjektiven Wohlbefindens ein Instrument, welches in beiden Forschungsfeldern genutzt wird und vor allem im Kontext der Verbraucherpräferenzen nützlich sein kann (Kahneman und Krueger 2006).

Dennoch kann von den subjektiven Angaben nicht gleichwohl auf die tatsächlichen Beweggründe geschlossen werden, denn psychometrische Skalen wie der *task performance index* und die *job satisfaction scale* unterliegen grundsätzlich einem Messfehler im Sinne der klassischen Testtheorie. Zusätzlich wurde im Rahmen der ökonomischen Limitationen auf eine anfallende Stichprobe zurückgegriffen, weswegen eine hinreichende Stichprobengröße durch die Begrenzung des zeitlichen Bearbeitungsaufwandes für die Teilnehmenden sichergestellt werden musste (Döring et al. 2015).

Die zeitliche Kapazität von zehn Minuten ist nicht ausreichend, um sämtliche Störvariablen des Untersuchungsgegenstandes zu erheben. Vor diesem Hintergrund wurde sich bewusst dafür entschieden, die berufsbezogenen Angaben zugunsten der weitreichenden Erhebung der immobilien- und ausstattungsspezifischen Merkmale zu vernachlässigen. Dabei stellt der Berufsstatus eine wichtige Störvariable dar, denn es kann davon ausgegangen werden, dass Personen mit einem höheren sozialen Status sowohl erfolgreicher mit der Arbeitsweise der digitalen Arbeitsmethoden sind als auch über ein höheres Einkommen verfügen, was sich wiederum auf die Nutzenaspekte der Wohnung auswirken kann (Pfnür et al. 2021; Holdampf-Wendel 2022; Grosskopf et al. 2001).

Während die Einschränkungen des Untersuchungsgegenstandes auf die räumliche Arbeitsumgebung im Homeoffice sinnvoll für die zielgerichtete Arbeitgeberunterstützung sein kann, ist es wichtig, das große Ganze nicht aus den Augen zu verlieren.

Hierbei ist es wichtig, die räumlich entgrenzte Arbeit in bestehenden Strukturen zu integrieren, wobei die Umgebungsfaktoren in die Abwägung einbezogen werden müssen. Durch die Unterschiede in der Flächenverfügbarkeit ist die Integrierung eines heimischen Arbeitsbereichs nicht in jedem Fall sinnvoll. Vor allem in Ballungsgebieten könnten anderweitige Möglichkeiten eines wohnortnahen Arbeitsplatzes durch *third places* realisiert werden.

Anhang

Anhang: Fragenmatrix

Codierung	Klartext	Polung	TPS	JSS	Arbeitserfolg
v_Allgemein1	Im Großen und Ganzen ist mein Arbeitsbereich ein exzellentes Arbeitsumfeld	+	,274**	−0,059	0,112
	Sig. (2-seitig)		0,008	0,575	0,284
v_Allgemein2	Meine Internetverbindung ist stabil und schnell	+	0,044	−0,077	−0,034
	Sig. (2-seitig)		0,676	0,461	0,743
v_Allgemein3	Ich bin produktiver, wenn ich von Zuhause arbeite anstatt im Büro	+	,309**	−0,126	0,062
	Sig. (2-seitig)		0,002	0,226	0,552
v_Allgemein4	Bei der Umsetzung meines Arbeitsbereiches Zuhause wurde ich durch meinen Arbeitgeber unterstützt	+	0,046	,278**	,217*
	Sig. (2-seitig)		0,657	0,007	0,036
v_Allgemein5	Ich bin sehr produktiv, wenn ich von zu Hause arbeite	+	,247*	−0,064	0,094

(Fortsetzung)

J. Haffner et al., *Einfluss der immobilienwirtschaftlichen Qualität auf den Arbeitserfolg im Homeoffice*, Studien zum nachhaltigen Bauen und Wirtschaften, https://doi.org/10.1007/978-3-658-42333-9

(Fortsetzung)

Codierung	Klartext	Polung	TPS	JSS	Arbeitserfolg
	Sig. (2-seitig)		0,016	0,54	0,367
v_Flexibilität1	Ich arbeite immer am selben Tisch	+	,207*	−,264*	0,021
	Sig. (2-seitig)		0,045	0,01	0,838
v_Flexibilität2	Ich habe die Möglichkeit sowohl im Sitzen als auch im Stehen zu arbeiten	+	0,177	0,167	,228*
	Sig. (2-seitig)		0,088	0,108	0,027
v_Flexibilität3	Ich kann meine Gedanken optisch an einem Whiteboard, einer Magnettafel oder an der Wand darstellen	+	0,076	0,094	0,107
	Sig. (2-seitig)		0,464	0,368	0,304
v_Flexibilität4	Ich habe immer die Möglichkeit an einem ruhigen Platz ein Telefonat zu führen	+	,227*	−0,045	0,099
	Sig. (2-seitig)		0,028	0,668	0,344
v_Geräuschkulisse1	Wenn ich das Fenster öffne ist es zu laut	-	0,183	0,1	0,175
	Sig. (2-seitig)		0,077	0,34	0,092
v_Geräuschkulisse2	Die Geräuschkulisse in meiner Wohnung ist angenehm	+	,258*	0,109	,226*
v_Temperatur1	Sig. (2-seitig)		0,012	0,295	0,028
v_Temperatur1	Die Energieeffizienz meiner Wohnung ist überdurchschnittlich gut	+	0,137	0,15	0,156
	Sig. (2-seitig)		0,187	0,149	0,133
v_Temperatur2	Ich habe keinen zureichenden Einfluss auf die Hitze in meiner unmittelbaren Umgebung	−	0,11	−0,135	−0,076

(Fortsetzung)

(Fortsetzung)

Codierung	Klartext	Polung	TPS	JSS	Arbeitserfolg
	Sig. (2-seitig)		0,295	0,198	0,467
v_Licht1	Das Tageslicht in meinem Arbeitsbereich ist auf einem angenehmen Level	+	−0,075	0,081	0,008
	Sig. (2-seitig)		0,471	0,44	0,94
v_Licht2	Die mangelnde Kontrolle über das Licht beeinflusst oft meine Arbeit	−	0,13	0,129	0,145
	Sig. (2-seitig)		0,212	0,215	0,164
v_Lage1	Es sind fußläufig zahlreiche Geschäfte und Restaurants erreichen	+	−0,041	−0,023	0,012
	Sig. (2-seitig)		0,692	0,822	0,906
v_Lage2	Ich kann fußläufig eine öffentliche Grünfläche erreichen	+	−0,036	0,14	0,045
	Sig. (2-seitig)		0,728	0,178	0,67
v_Schreibtisch1	Mein Schreibtisch ist zu klein	−	,208*	−0,037	0,073
	Sig. (2-seitig)		0,045	0,726	0,483
v_Schreibtisch2	Ich habe genügend Ablageflächen um meinen Schreibtisch herum	+	0,135	−0,041	0,024
	Sig. (2-seitig)		0,194	0,696	0,818

* Die Korrelation ist auf dem 0,05 Niveau signifikant (zweiseitig)
** Die Korrelation ist auf dem 0,01 Niveau signifikant (zweiseitig)

Literatur

Appel-Meulenbroek, R. (2016). Modern offices and new ways of working studied in more detail. Journal of Corporate Real Estate, 18(1), 30–47. https://doi.org/10.1108/jcre-02-2016-0010.

Arnold, D. (2017). Wohnimmobilien: Lebenszyklus, Strategie, Transaktion (D. Arnold, N. B. Rottke & R. Winter, Hrsg.; 1. Aufl. 2017 Aufl.). Springer Gabler.

Bachtal, Y. (2021). Work organization and work psychology theories in the context of Work from Home – A literature-based overview. Arbeitspapiere zur immobilienwirtschaftlichen Forschung und Praxis, 42(2021). https://www.real-estate.bwl.tu-darmstadt.de/media/bwl9/dateien/arbeitspapiere/Arbeitspapier_Nr._42_Work_Organization_Theories.pdf.

Bachtal, Y., Gauger, F., Wagner, B. & Pfnür, A. (2021). Homeoffice im Interessenkonflikt Ergebnisbericht einer empirischen Studie. In Arbeitspapiere zur immobilienwirtschaftlichen Forschung und Praxis, TU Darmstadt (Bd. 41, S. 1–149). Andreas Pfnür.

Bakker, A. B. & Demerouti, E. (2007). The Job Demands-Resources model: state of the art. Journal of Managerial Psychology, 22(3), 309–328. https://doi.org/10.1108/02683940710733115.

Bakker, A. B., Demerouti, E. & Verbeke, W. (2004). Using the job demands-resources model to predict burnout and performance. Human Resource Management, 43(1), 83–104. https://doi.org/10.1002/hrm.20004.

Bamberg, E. & Busch, C. (2006). Stressbezogene Interventionen in der Arbeitswelt. Zeitschrift für Arbeits- und Organisationspsychologie A&O, 50(4), 215–226. https://doi.org/10.1026/0932-4089.50.4.215.

Bourier, G. (2022). Beschreibende Statistik (Bd. 14). Springer Publishing. https://doi.org/10.1007/978-3-658-37021-3.

Brunia, S., de Been, I. & van der Voordt, T. J. (2016). Accommodating new ways of working: lessons from best practices and worst cases. Journal of Corporate Real Estate, 18(1), 30–47. https://doi.org/10.1108/jcre-10-2015-0028.

Bundesministerium für Bildung und Forschung. (2016). Zukunft der Arbeit - Innovationen für die Arbeit von morgen. Innovationslabor Logistik. Abgerufen am 10. Mai 2022, von https://www.innovationslabor-logistik.de/wp-content/uploads/2017/03/Zukunft_der_Arbeit.pdf.

Cognos-AG. (2021, 8. April). Leitfaden zum Datenschutz in Ihrer Unipark Umfrage/Studie [Vorlesungsfolien]. Ilias Hochschule Fresenius. https://ilias.hs-fresenius.de/goto_HSF_crs_2619930.html.

Cohen, J. (1988). Statistical Power Analysis for the Behavioral Sciences (2. Aufl.). Routledge Member of the Taylor and Francis Group.

Corona Datenplattform. (2021, Juli). Homeoffice im Verlauf der Corona-Pandemie (Themenreport 02). https://www.bmwk.de/Redaktion/DE/Downloads/I/infas-corona-datenp lattform-homeoffice.pdf?__blob=publicationFile&v=4.

de Beer, L. T., Tims, M. & Bakker, A. B. (2016). Job crafting and its impact on work engagement and job satisfaction in mining and manufacturing. South African Journal of Economic and Management Sciences, 19(3), 400–412. https://doi.org/10.4102/sajems. v19i3.1481.

Demerouti, E., Bakker, A. B., Nachreiner, F. & Schaufeli, W. B. (2001). The job demands-resources model of burnout. Journal of Applied Psychology, 86(3), 499–512. https://doi. org/10.1037/0021-9010.86.3.499.

Dette, D. E., Abele, A. E. & Renner, O. (2004). Zur Definition und Messung von Berufs-erfolg. Zeitschrift für Personalpsychologie, 3(4), 170–183. https://doi.org/10.1026/1617-6391.3.4.170.

Döring, N., Bortz, J., Pöschl, S., Werner, C. S., Schermelleh-Engel, K., Gerhard, C. & Gäde, J. C. (2015). Forschungsmethoden und Evaluation in den Sozial- und Humanwissen-schaften (Springer-Lehrbuch) (5. Aufl.). Springer.

Efremidis, S. (2017). Wohnimmobilien: Lebenszyklus, Strategie, Transaktion (D. Arnold, N. B. Rottke & R. Winter, Hrsg.; 1. Aufl. 2017 Aufl.). Springer Gabler.

Ehrenheim, F. (2017). Wohnimmobilien: Lebenszyklus, Strategie, Transaktion (D. Arnold, N. B. Rottke & R. Winter, Hrsg.; 1. Aufl. 2017 Aufl.). Springer Gabler.

Feld, L., Carstensen, S., Gerling, M., Wandzik, C. & Simons, H. (2021). Frühjahrsgutachten Immobilienwirtschaft 2021 des Rates der Immobilienweisen. ZIA Zentraler Immobilien-ausschuss e. V.

Fink-Heuberger, U. (2001). Gesellschaftlicher Wandel und modernes Wohnen - eine soziolo-gische Betrachtun. In H. P. Gondring & A. Beuttler (Hrsg.), Handbuch Immobilienwirt-schaft (S. 137–165). Springer Gabler.

Fischer, L. & Lück, H. E. (1997). Allgemeine-Arbeitszufriedenheit. https://zis.gesis.org/. Abgerufen am 1. Mai 2022, von https://zis.gesis.org/skala/Fischer-Lück-Allgemeine-Arb eitszufriedenheit.

Glatte, T. (2014). Entwicklung betrieblicher Immobilien: Beschaffung und Verwertung von Immobilien im Corporate Real Estate Management (Leitfaden des Baubetriebs und der Bauwirtschaft) (2014. Aufl.). Springer Vieweg.

Grosskopf, W., König, P. & Beuttler, A. (2001). Die Wohnungspolitik in der Bundesrepublik Deutschland. In H. P. Gondring (Hrsg.), Handbuch Immobilienwirtschaft (S. 165–185). Springer Gabler.

Hanack, P. & Manus, C. (2021, 19. August). Rhein-Main: Corona macht die Reize des Landlebens sichtbar. Frankfurter Rundschau. Abgerufen am 17. Mai 2022, von https:// www.fr.de/rhein-main/rhein-main-corona-macht-die-reize-des-landlebens-sichtbar-909 31096.html.

Hodulak, M. & Schramm, U. (2019). Nutzerorientierte Bedarfsplanung: Prozessqualität für nachhaltige Gebäude (2., überarb. Aufl. 2019 Aufl.). Springer Vieweg. https://doi.org/10.1007/978-3-662-58652-5.

Hoendervanger, J. G., Ernst, A. F., Albers, C. J., Mobach, M. P. & van Yperen, N. W. (2018). Individual differences in satisfaction with activity-based work environments. PLOS ONE, 13(3), e0193878. https://doi.org/10.1371/journal.pone.0193878.

Holdampf-Wendel, A. (2022). Bitkom-Studie – New Work: Die Hälfte der Deutschen arbeitet im Homeoffice. Betriebliche Prävention, 5. https://doi.org/10.37307/j.2365-7634.2022.05.08.

Holz, M., Zapf, D. & Dormann, C. (2004). Soziale Stressoren in der Arbeitswelt: Kollegen, Vorgesetzte und Kunden. Arbeit, 13(3). https://doi.org/10.1515/arbeit-2004-0312.

Jackob, N., Schoen, H. & Zerback, T. (2008). Sozialforschung im Internet. Beltz Verlag.

Janssen, J. & Laatz, W. (2013). Statistische Datenanalyse mit SPSS: Eine anwendungsorientierte Einführung in das Basissystem und das Modul Exakte Tests (8. Aufl. 2013 Aufl.). Springer.

Junghanns, G. & Morschhäuser, M. (2013). Immer schneller, immer mehr: Psychische Belastung bei Wissens- und Dienstleistungsarbeit (Bundesanstalt für Arbeitsschutz und Arbeitsmedizin, Hrsg.; 2013. Aufl.). Springer VS.

Kahneman, D. & Krueger, A. B. (2006). Developments in the Measurement of Subjective Well-Being. Journal of Economic Perspectives, 20(1), 3–24. https://doi.org/10.1257/089533006776526030.

Karasek, R. A. (1979). Job Demands, Job Decision Latitude, and Mental Strain: Implications for Job Redesign. Administrative Science Quarterly, 24(2), 285. https://doi.org/10.2307/2392498.

Koopmans, L. (2014). Measuring Individual Work Performance. Body@Work, Research Center on Physical Activity, Work and Health.

Koopmans, L., Bernaards, C., Hildebrandt, V., van Buuren, S., van der Beek, A. J. & de Vet, H. C. (2012). Development of an individual work performance questionnaire. International Journal of Productivity and Performance Management, 62(1), 6–28. https://doi.org/10.1108/17410401311285273.

Koopmans, L., Bernaards, Hildebrandt, Buuren, V., Beek, V. D. & Vet, D. (2013). Improving the individual work performance questionnaire using rasch analysis. Occupational and Environmental Medicine, 70(Suppl 1), A17.3–A18. https://doi.org/10.1136/oemed-2013-101717.51.

Lazarus, R. S. & Folkman, S. (1987). Transactional theory and research on emotions and coping. European Journal of Personality, 1(3), 141–169. https://doi.org/10.1002/per.2410010304.

Leesman Index. (2021, 30. September). The Home Working impact code. Abgerufen am 23. Mai 2022, von https://www.leesmanindex.com/media/Leesman-Impact-Code-Home-31.12.21.pdf.

Lefebvre, B. (2021). The office is dead. Long live the office! BNP Paribas REIM Research Paper, November 2021.

Lützkendorf & Lorenz. (2017). Nachhaltigkeit in der Wohnungswirtschaft. springerprofessional.de. Abgerufen am 10. Mai 2022, von https://www.springerprofessional.de/nachhaltigkeit-in-der-wohnungswirtschaft/12198360.

Macdonald, S. & Maclntyre, P. (1997). The Generic Job Satisfaction Scale. Employee Assistance Quarterly, 13(2), 1–16. https://doi.org/10.1300/j022v13n02_01.

Marschall, J., Hildebrandt, S., Kleinlercher, K. M. & Nolting, H. D. (2020). Gesundheitsreport 2020. Beiträge zur Gesundheitsökonomie und Versorgungsforschung, Band 33.

Maslow, A. H. (1970). Motivation and Personality (Reprinted from the English Edition 1954 Aufl.). Harper & Row, Publishers, Inc.

Mcleod, S. (2020, 29. Dezember). Maslow's Hierarchy of Needs. Simply Psychology. https://www.simplypsychology.org/maslow.html.

Mühlbachler, S., Ruppe, M., Stadlhofer, G., de Wagt, A. J. & Zimota, K. (2018, September). Nutzungsqualität von Bürogebäuden: Dem Nutzer eine Stimme geben. International Facility Management Association (IFMA) Austria. https://www.fma.or.at/fileadmin/uploads/FMA/dokumente/fachliteratur/White_Papers/NutzungBuerogeb_10_web.pdf.

Müller, B., Liebl, A. & Martin, N. (2019). Influence of active-noise-cancelling headphones on cognitive performance and employee satisfaction in open space offices. ResearchGate. Abgerufen am 20. Juni 2022, von https://www.researchgate.net/publication/336871274_Influence_of_active-noise-cancelling_headphones_on_cognitive_performance_and_employee_satisfaction_in_open_space_offices.

Nerdinger, F. W., Blickle, G., Schaper, N. & Solga, M. (2014). Arbeits- und Organisationspsychologie (Springer-Lehrbuch) (3. Aufl.). Springer.

Osterloh, M. (2008, 29. April). Psychologische Ökonomik und Betriebswirtschaftslehre: Zwischen Modell-Platonismus und Problemorientierung. Keynote at the 70th annual meeting of the German Academic Association for Business Research 2008. Abgerufen am 14. Juni 2022, von https://www.business.uzh.ch/dam/jcr:d747ed8f-514f-42b8-9d5b-ca41bf44b486/Keynote_VHB08_Papier.pdf.

Peyinghaus, M. & Zeitner, R. (2019). Transformation Real Estate: Changeprozesse in Unternehmen und für Immobilien (1. Aufl. 2019 Aufl.). Springer Vieweg.

Prott, J. (2001). Betriebsorganisation und Arbeitszufriedenheit: Einführung in die Soziologie der Arbeitwelt (2001. Aufl.). Leske + Budrich Verlag.

Rottke, N. B., Eibel, J. & Krautz, S. (2017). Wohnungswirtschaftliche Grundlagen der Immobilienwirtschaftslehre. Wohnimmobilien: Lebenszyklus, Strategie, Transaktion, 3–39. https://doi.org/10.1007/978-3-658-05368-0_1.

Schöne, B. (2017). Immobilienwirtschaftslehre - Management (N. B. Rottke & M. Thomas, Hrsg.; 1. Aufl. 2017 Aufl.). Springer Gabler.

Selye, H. (1950). Stress and the General Adaptation Syndrome. BMJ, 1(4667), 1383–1392. https://doi.org/10.1136/bmj.1.4667.1383.

Semmer, N. & Udris, I. (2008). Wirkungen der Arbeit. Arbeits- und Organisationspsychologie, 513–533. https://doi.org/10.1007/978-3-540-74705-5_28.

Siegrist, J. (1996). Adverse health effects of high-effort/low-reward conditions. Journal of Occupational Health Psychology, 1(1), 27–41. https://doi.org/10.1037/1076-8998.1.1.27.

Siegrist, J. (2013). Burn-out und Arbeitswelt. Psychotherapeut, 58(2), 110–116. https://doi.org/10.1007/s00278-013-0963-y.

Siegrist, J. (2016). Arbeitswelten und psychische Störung. PiD - Psychotherapie im Dialog, 17(02), 17–21. https://doi.org/10.1055/s-0042-103827.

Szabo, S., Yoshida, M., Filakovszky, J. & Juhasz, G. (2017). "Stress" is 80 Years Old: From Hans Selye Original Paper in 1936 to Recent Advances in GI Ulceration. Current Pharmaceutical Design, 23(27). https://doi.org/10.2174/1381612823666170622110046.

Tuescher, A. & Yyasargil, S. (2020, Juni). Working from home in selected Countries. KPMG. https://assets.kpmg/content/dam/kpmg/de/pdf/Themen/2020/07/working-from-home-in-selected-countries-report-june-2020-sec.pdf.

Ulich, E. & Wiese, B. S. (2011). Life Domain Balance: Konzepte zur Verbesserung der Lebensqualität (1. Aufl.). Gabler Verlag.

van der Doef, M. & Maes, S. (1999). The Job Demand-Control (-Support) Model and psychological well-being: A review of 20 years of empirical research. Work & Stress, 13(2), 87–114. https://doi.org/10.1080/026783799296084.

Widyastuti, T. & Hidayat, R. (2018). Adaptation of Individual Work Performance Questionnaire (IWPQ) into Bahasa Indonesia. International Journal of Research Studies in Psychology, 7(2). https://doi.org/10.5861/ijrsp.2018.3020.

Wirtschaftswoche. (2022, 12. Januar). Recht auf Homeoffice: Bundesregierung will Homeoffice zur Standard-Option machen. https://www.wiwo.de/politik/deutschland/vorstoss-von-bundesarbeitsminister-heil-rechtsanspruch-auf-homeoffice-neue-freiheit-oder-fal scher-weg/27969494.html.

Wissenschaftliche Dienste des Bundestags. (2017, 10. Juli). Telearbeit und Mobiles Arbeiten Voraussetzungen, Merkmale und rechtliche Rahmenbedingungen. www.bundestag.de. Abgerufen am 12. Juni 2022, von https://www.bundestag.de/resource/blob/516470/3a2 134679f90bd45dc12dbef26049977/WD-6-149-16-pdf-data.pdf.

World Green Building Council. (2014, September). Health, Wellbeing and Productivity in Offices: The next chapter for green building. UKGBC. https://www.ukgbc.org/ukgbc-work/health-wellbeing-productivity-offices-next-chapter-green-building/.

Zingel, M. (2015). Transformationale Führung in der multidisziplinären Immobilienwirtschaft (N. B. Rottke, Hrsg.). Springer Publishing.

Zohari, W. (2017). Wohnimmobilien: Lebenszyklus, Strategie, Transaktion (D. Arnold, N. B. Rottke & R. Winter, Hrsg.; 1. Aufl. 2017 Aufl.). Springer Gabler.

Printed in the United States
by Baker & Taylor Publisher Services